U0338741

前　言

　　亲爱的读者，很高兴能够与您分享这本关于犬猫基础营养与健康的书籍。在现代社会，我们越来越意识到宠物对我们幸福生活的重要性。无论是狗狗还是猫咪，它们都是我们家庭的一员，给予我们无尽的快乐和陪伴。

　　然而，作为宠物的主人，我们有责任确保它们的健康和幸福。与人类一样，宠物的健康与其饮食和营养密切相关。正因如此，我们决定编写这本书，为您提供关于宠物基础营养与健康的全面指南。在这本书中，我们将与您一起探讨如何通过正确的饮食和养护，为我们的犬猫朋友提供最佳的营养和健康。我们将通过深入了解它们的营养需求，帮助您理解它们的消化系统、饮食习惯和食物选择。我们还将讨论各种营养素的重要性，包括蛋白质、碳水化合物、脂肪、维生素和矿物质，以及它们对宠物健康的影响。同时，包括如何根据它们的年龄、体重和活动水平制订合适的饮食计划，以及如何应对常见的饮食问题和挑战。

除了饮食，我们还将关注宠物的全面健康，包括适当的运动、预防接种和日常护理。我们将提供实用的建议，帮助您更好地照顾您的犬猫朋友，让它们拥有健康快乐的生活。编写这本书的初衷，是希望能够帮助更多的宠物主人了解他们的犬猫朋友的营养需求和健康状况，以便更好地照顾它们。无论您是一个新手宠物主人还是一个经验丰富的养宠人，我们相信这本书都会为您提供有价值的知识和实用的建议。

　　最后，感谢您的阅读和支持。希望这本书能为您和您的宠物带来帮助。让我们一起致力于为我们的犬猫朋友创造健康幸福的生活吧！

　　衷心祝愿您阅读愉快！

编　者

2024 年 8 月

目 录

第一章

绪　论

犬的生理学特点

犬，俗称"狗"，属哺乳纲食肉目犬科，由灰狼驯化而来，是人类最早驯化的家畜，现常作为伴侣动物。

一、解剖特点

犬无锁骨，肩胛骨由骨骼肌连接躯体，后肢由骨关节连结骨盆。犬的骨骼（图1-1）可分为中轴骨骼和四肢骨骼两部分，中轴骨骼由躯干骨和头骨组成，四肢骨骼包括前肢骨和后肢骨。头骨（图1-2）形态变异很大，有的头形狭而长，有的头形宽而短。犬的头骨连着颈椎，犬有7节颈椎，13节胸椎，7节腰椎，3节融合在一起的脊椎成为一块骶骨，尾椎8～22个。犬的前9根肋骨为真肋，后4根肋骨为假肋。犬的前肢骨包括肩胛骨、肱骨、桡骨、腕骨、掌骨、指骨和籽骨；后肢骨包括髋骨、股骨、胫骨、腓骨、跗骨和跖骨。雄犬阴茎有阴茎骨，前列腺极发达，无精囊腺和尿道球腺。

犬齿（图1-3）呈食肉动物的特点，善于咬、撕，臼齿能切断食物，但咀嚼较粗。犬齿分乳齿和恒齿。犬的乳齿有28个，其中有12个切齿，4个犬齿，12个臼齿；恒齿为42个，其中有12个切齿，4个犬齿和26个臼齿。

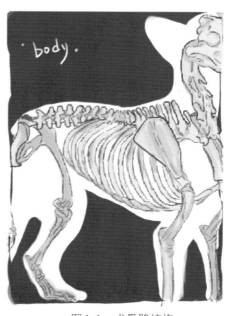

图1-1　犬骨骼结构

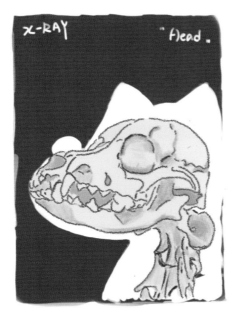

图1-2　犬头骨结构

图1-3　犬牙齿构造

犬的食管全部由横纹肌构成。胃较小，相当于胃长径的一半，易施行胃导管手术。肠道较短，为体长的3～5倍，肠壁厚薄与人相似。犬肝脏较大，占体重的2.8%～3.4%。犬的胰腺小且分左右两叶，呈扁平长带状，于十二指肠降部各有一胰腺管开口处，胰腺向左横跨脊柱而达胃大弯及脾门处，因犬胰腺是分离的，因而易摘除。脾脏是犬最大的储血器官，当奔跑需要动员更多的血参加循环代谢时，脾上丰富的平滑肌束收缩将脾中的血挤到周围血管中。胸腺在犬幼年时期发达，在2～3岁时退化萎缩。

犬的消化系统中，口腔乳头味蕾较少，味觉较迟钝，品尝食物味道要通过味觉和嗅觉双重作用实现。犬的唾液腺很发达，唾液中含有溶菌酶，起杀菌作用。犬的呕吐中枢非常发达，吃进有毒食物后能引起强烈的呕吐反射，从而吐出胃内毒物。

犬具有发达的血液循环和神经系统，以及大体上和人相似的消化过程，在毒理方面的反应和人比较接近，内脏（图1-4）与人相似。

二、生理特点

犬为食肉动物，经人类长期家养驯化已成为以肉食为主的杂食动物，对食物适应性很强，动物蛋白、碳水化合物、蔬菜是犬主要的食物，但对蔬菜等粗纤维的消化能力较差，小型宠物犬的食肉习性随着饲喂食物结构的改变已逐步发生改变。

犬的嗅觉器官和嗅神经极发达，嗅觉极为灵敏，鼻长，鼻黏膜上布满嗅神经，能嗅出稀释1 000万倍的有机酸，嗅觉能力是人的1 200倍左右，特别是对动物性脂肪酸更为敏感。犬主要根据嗅觉信息识别主人，鉴定同类的性别，辨别道路、方位、猎物与食物。

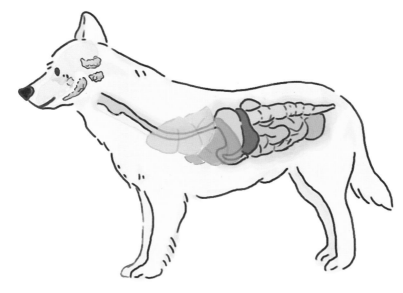

图1-4 犬内脏分布

刚生下来的幼犬，眼未睁开，耳朵也听不见，全凭鼻子嗅母犬的乳味寻找母犬的乳房。

犬的听觉也很灵敏，可以听到5.0～5.5Hz的声音。犬视网膜上无黄斑，所以远视能力有限，其视力范围为20～30m，其双眼横向视力范围达250°，每只眼睛有单独视野，视角仅25°，但对运动物体的感受和对图形的辨别能力较强。犬是红绿色盲，不能以红绿色作为条件刺激来进行条件反射实验。

犬为每年春秋单次发情动物。性成熟280～400d。雌犬有双角子宫，发情后1～2d排卵，妊娠期60d，哺乳期60d。雄犬适配年龄为1.5～2岁，雌犬适配年龄为1～1.5岁。犬的平均寿命10～15年。

犬有五种血型，即A、B、C、D、E型，只有A型血能引起输血反应，其他四型血可供各血型的犬受血，包括A型血犬在内，无输血反应。可以进行交叉输血，仅有凝集作用，而无溶血作用。

犬的汗腺不发达，体表几乎无汗腺，主要通过加快呼吸频率、舌头伸出口外喘式呼吸来散热。

三、自然习性

服从意识强，有领地观念。犬有服从人的意志的天性，对主人非常忠诚，易于驯服，有强烈的责任感，大型犬表现得更加明显（图1-5）。犬守卫主人家庭及周围地区，会威吓、攻击并赶走陌生人，但当它们走出此范围时则胆怯，很少制造麻烦。若主人搬到一个新地方，经过10余天犬又能建立起新的守卫范围。犬群内存在主从关系，具有稳定的群内等级。

图1-5　犬的服从性

图1-6　犬喜欢埋藏骨头

感情丰富，易于训导。犬神经系统发达，较聪明，善于学习，能较快地建立条件反射，可领会主人的简单意图，进行各种较难动作的训练。

犬适应性强，喜欢清洁。对环境的适应能力很强，能耐受寒冷的气候。犬喜爱清洁，冬天喜晒太阳，夏天喜爱洗澡。

喜欢运动和啃咬物品。犬习惯不停地运动，还习惯于啃咬肉、骨头，喜吃肉类及脂肪，但由于长期家畜化，也可杂食或素食；犬喜欢埋藏骨头（图1-6）和食物，雌犬有吐出食物喂给幼犬的习性，幼犬换牙时喜欢啃咬物品。

雄犬成年后，在外出活动时，若遇到某一转角或树干，习惯暂停下来，抬起一侧后肢排尿，制造"嗅迹标识"，然后继续前进（图1-7）；雌犬在发情期也有类似现象，排尿前四处嗅一番，然后排尿，雌犬在发情时分泌外激素，诱导雄犬追踪并进行交配。

犬的神经类型是根据大脑皮层兴奋和抑制的强度、均衡性及灵活性这三个特点及其相互关系进行划分的。这对一些慢性实验特别是高级神经活动实验动物的选择很重要。从犬的姿态、表情可看出其喜乐、愤怒、恐惧。喜乐时，摇头摆尾，扭动身体，在主人四周跳跃，耳朵向后，还会发出鼻音；愤怒时，全身变硬，四肢直踩地面，背毛直立，

前身放低，牙齿外露，两眼圆睁，目露凶光，而且两耳竖立，发出鸣声；恐惧时，尾巴夹在两后腿之间，身体缩成一团，躲在屋角或主人身后。

图1-7　犬的领地意识

猫的生理学特点

猫，别名"家猫"，属哺乳纲食肉目猫科。

一、解剖特点

猫骨骼结构见图1-8。猫有14～28个尾椎。

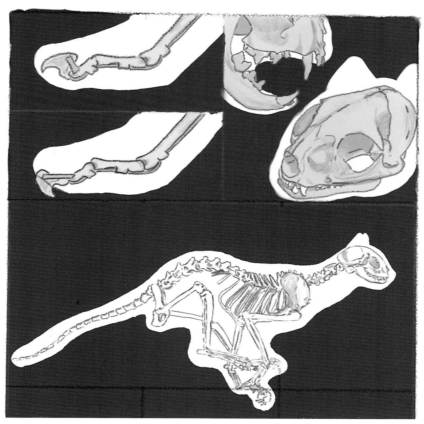

图1-8　猫骨骼结构

　　猫的牙齿与其他动物不同，共有30个牙齿。其中，12个不大的门齿，4个锐利的犬齿，其余为锐利的假臼齿和真臼齿。猫上颌的第二前臼齿和下颌的第一前臼齿称裂齿。齿尖大且尖锐，有撕裂肉的作用。猫的犬齿呈匕首样，可用来对付特殊猎物。永久齿长出后乳齿才脱落，因此，猫在一段时间内存在两套犬齿和裂齿。猫的牙齿特点使猫便于吃鱼骨头等硬性食物。

猫舌的形态学特征是猫科动物所特有的。猫进食时会把食物切割成小碎块。猫舌黏膜的丝状乳头上覆盖一层很硬的角质膜，乳头的尖端朝后，使猫能舔食附在骨上的肉。猫的味蕾主要位于舌根部，很小，呈囊状。其味细胞能感知苦、酸和咸的味道，但对甜的味道不太敏感。猫有5对唾液腺。猫的肠管具有明显的食肉动物特征——短、宽、厚。

猫是单室胃，肠较兔稍长，盲肠很细小，盲端有一个微小的突起。肝分五叶，即右中叶、右侧叶、左中叶、左侧叶和尾叶。肺分七叶：右肺四叶，左肺三叶。猫的肾脏被纤维性被膜包裹，内有独特的被膜静脉。猫的循环系统发达，血压稳定，血管壁较坚韧，对强心苷比较敏感。猫内脏分布见图1-9。

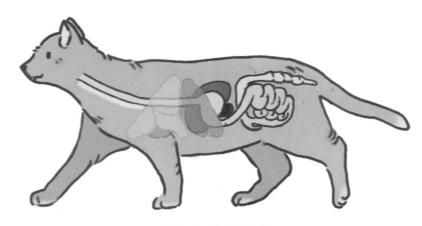

图1-9　猫内脏分布

猫的大脑和小脑较发达，其头盖骨和脑具有一定的形态特征，对头脑实验和其他外科手术耐受力强。平衡感觉、反射功能发达，瞬膜反应敏锐。

雌猫有双角子宫，乳腺位于腹部，有四对乳头。雄猫无精囊腺，只有前列腺和尿道球腺，勃起时阴茎向前，排尿时阴茎向后。

二、生理特点

猫是天生的肉食性动物，并且猫对蛋白质和必需氨基酸的需求比犬更高；猫的唾液中不存在淀粉酶，与杂食动物相比，它们的胃肠道相对较短，因此它们能够更快地消化肉。猫需要从动物源性食物中获取必需的牛磺酸，否则会导致幼猫早夭、雌猫流产、心肌扩张疾病等；猫体内缺乏转化胡萝卜素的酶，因此，它们无法将β-胡萝卜素转化为维生素A，需要直接从动物源性食物中获取维生素A。无论饥饿程度如何，猫喜欢吃更可口的食物。

猫的眼睛与其他动物不同，它能按照光线强弱的程度灵敏地调节瞳孔，在白天光线很强时，猫的瞳孔几乎完全闭合成一条细线，减少光线射入；而在黑暗的环境中，猫的瞳孔张开得很大，尽可能地增加光线的通透量。与其他动物相比，猫的晶状体和瞳孔相对较大，能使尽可能多的光线射到视网膜上。通过视网膜感受器的光线，一部分可再通过脉络膜反光色素层的反射再次投射到视网膜，使微弱光线在猫眼中放大40倍左右；另一部分则会反射出猫眼，故晚上看到的猫的眼睛是闪闪发光的。不同品种的猫，反光层色素的颜色可能不同，如褐色、黄色等。猫的视野很宽。每只眼睛的单独视野在150°以上，两眼的共同视野在200°以上。当猫在看东西时，需要左右稍微转动眼睛使眼前的景物移动起来才能看清。

猫的鼻子由1 900万个嗅觉神经组合而成，鼻腔黏膜中的嗅觉区有2亿多个嗅细胞，对气味非常敏感，在选择食物和捕猎时起很大作用。雌、雄性猫都可留下相关气味，并以此作为相互联系的嗅觉媒介。猫的鼻子一方面是用来代替一部分天生不足的味觉缺陷，另一方面则是用来辨别食物的好坏。猫能听到30～45 000Hz的声音，它的耳郭可以向四周转动45°，在头不动的情况下可做180°的摆动，能对声源进行准确定位；猫爪下的肉垫里有相当丰富的触觉感受器，能感知地面很微小的震动。

猫位于上唇皮肤两侧的胡须是非常灵敏的感觉器官。胡须通过上下左右摆动感受运动物体引起的气流，不用触及物体就能感知周围物体的存在。胡须还能补偿侧视的不足。胡须作为测量器可以判断身体能否通过狭窄的缝隙或孔洞。

猫属典型的刺激性排卵动物，只有经过交配的刺激才能排卵。雌猫5～7月龄、雄猫8～10月龄性成熟。性成熟后就会发情，具体表现为身上有异味，四处排尿，发出连续不断、音量大而粗的叫声。性周期为3～21d，平均11d，发情持续期3～7d，平均4d；求偶期2～3d。妊娠期60～68d。每胎产仔3～6只。幼猫不睁眼，出生后第9天才有视力。雌猫哺乳期为35～40d。离乳后4～6个月，雌猫开始发情。

三、自然习性

聪明胆小，警戒心强。猫很聪明，有很强的学习、记忆能力，有较强的时间观念，能感知主人何时喂食，辨认主人的本领极强。猫生性孤僻胆小，喜孤独而自由的生活。除在发情、交配和哺乳期外很少群栖，且以食物来源而居。猫警戒心强，在家养一段时间后，对自己的住所及其周围环境有领地意识，常在自己的"领地"边界排尿做记号，以警告其他猫不得闯入。一旦有其他猫闯入，它就会发起攻击。

昼伏夜出，感情丰富。猫保持着食肉动物昼伏夜出的习性，捕鼠、求偶、交配等很多活动常在夜间进行。猫的一生中约有2/3的时间都在睡觉，每次睡眠时间一般在1h左右。猫的情绪变化十分丰富：高兴时，尾尖抽动，两耳扬起，发出悦耳的"咪咪"声；发怒时，两耳竖立，瞳孔缩成一条缝，甚至颈、尾部的毛也直立。猫打架后，从容自若者为赢；竖毛、弓背或仰面朝天者为败。

喜爱明亮，注意清洁。猫喜欢生活在清洁、温暖、干燥的环境中。它非常讲卫生，总喜欢用舌头清洁身体、洗脸和梳理毛发，尤其是在进食、运动和睡醒后，通过用舌头舔毛发，可以刺激皮肤毛囊中的皮脂腺，使毛发润滑有光泽。同时，猫还可以通过舔毛发获得一定量的维生素D，可以促进骨骼的发育。除此之外，猫还可以通过用舌头舔毛发将唾液涂抹在皮毛上，利用唾液中水分的蒸发起到散热的作用，是一种调节体温的有效方法。猫在比较固定的地方大小便，便后都会用土将粪便盖上。

猫的行为见图1-10。

图1-10　猫的行为

消化系统的结构与功能

第一节
犬猫消化系统的构造和组成

消化系统的功能是通过口腔摄取食物，由咽和食管将食物运送到胃肠道内，混入由腺体分泌的消化液，加之胃肠道肌肉的运动，经过复杂的消化和吸收过程，最后将其剩余部分经肛门排出体外，以保证机体新陈代谢的正常进行。

一、犬的消化系统

1.组成

犬的消化系统同其他哺乳动物一样包括消化管和消化腺两部分（图2-1）。消化管是食物通过的管道，起于口腔，经咽、食管、胃、小肠和大肠，止于肛门。消化腺是分泌消化液的腺体，包括唾液腺、肝、胰、胃腺和肠腺等。其中胃腺和肠腺分别位于胃和肠壁内，称壁内腺；而唾液腺、肝和胰则在消化管外形成独立的器官，其分泌物由腺导管通入消化管，称壁外腺。

2.构造

（1）口腔和咽。口腔是消化管的起始部。口腔由有前壁的唇、两侧的颊、顶壁的硬腭、向后延伸的软腭、口腔底的舌、镶嵌于颌前和上下颌骨的齿槽内的齿及齿龈、能分泌唾液的唾液腺组成（图2-2）。

犬的口裂很大，向后延伸到第三臼齿处。靠近口角处的下唇边缘呈锯齿状，黏膜经常是黑色的。唇腺不显著。颊较短，颊黏膜平滑，大部分都带有色素。硬腭构成口腔的顶壁，向后延续成软腭，软腭的末端与舌根部相连。舌宽而平，其边缘是尖锐的。

图2-1　犬消化系统组成

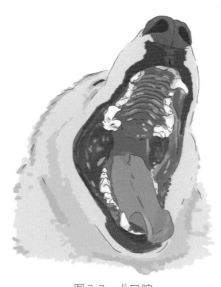

图2-2 犬口腔

牙齿分为乳齿和恒齿，乳齿28个，恒齿42个。

（2）食管。食管也称食道，是将食物从咽运送入胃的肌性管道，分为颈、胸、腹三段，除起始端外，一般比较宽阔。由黏膜、黏膜下层、肌层和外膜构成。黏膜上皮为复层扁平上皮。黏膜下层发达，有较多混合腺，称为食管腺。肌层为横纹肌。外膜在颈段为疏松结缔组织，在胸、腹部为浆膜。

（3）胃。犬胃为单室胃，较大，其容积平均为2.4L。胃前部黏膜比较薄，有明显的胃腺；胃尾部黏膜较厚，胃腺不明显。犬胃的形态、大小和位置随胃的充盈程度而变化。胃空虚时，呈C形，凸面朝向左后腹侧。胃位于腹前部，大部分在左侧，充盈时向后可达脐部。脏面凸，朝向右后背侧，与肠、胰和左肾相邻；壁面朝向左前腹侧，与肝、膈和腹壁接触。

犬胃属腺性胃，胃黏膜全部含有腺体，分为三个腺区：贲门腺区、胃底腺区、幽门腺区。

（4）小肠。分为十二指肠、空肠和回肠。十二指肠最短，前部在肝的脏面，形成十二指肠前曲。降部系膜较长，并游离于大网膜外，沿腹腔右背侧壁后行，经右肾后端至第5～6腰椎平面，再从右斜向左侧，环绕盲肠和结肠起始部，形成十二指肠后曲。其后的升部系膜短，行走于右侧的盲肠、升结肠、肠系膜根和左侧的降结肠、左肾之间，于肠系膜根部左侧以十二指肠空肠曲连接空肠。

空肠形成许多肠袢，以长的肠系膜固定于腰下，大部分位于腹腔底部。前方接胃和肝脏，后侧接膀胱。背侧面与十二指肠下行部、左肾和腰下部的肌肉相接，腹侧隔着大网膜与腹底壁相接触。

回肠为小肠的最后一段，由腹腔的左后部伸向右前方，开口于盲肠和结肠的交接处。在没有内容物的情况下，常被其他脏器挤压而变形。

（5）大肠。分为盲肠、结肠、直肠。盲肠呈弯曲状，常位于腹腔右侧壁和正中矢面之间的中间区域，其前端有盲结口通结肠，位于回肠口的外侧；后端尖，为盲端。结肠呈U形，分为升结肠、横结肠、降结肠。全部结肠的管径相似，结肠起始部有孤立淋巴小结。降结肠沿腹侧面向后行，然后斜向正中矢面，并移行为直肠。直肠很短，后部略显膨大，为直肠壶腹。直肠黏膜含大量孤立淋巴小结。

（6）肛管和肛门。肛管短，但三区可以辨认。有特殊的肛腺，被覆的皮肤内含皮脂腺及特殊的肛周腺。肛门位于尾椎的末端，靠近第4尾椎。肛提肌发达。

二、猫的消化系统

1.组成

猫的消化系统是由口腔、食管、胃、小肠、大肠、直肠和肛门组成的。在消化过程中，猫的唾液中不含有淀粉酶，因此它们不擅长消化碳水化合物，而是以蛋白质和脂肪为主要能量来源。

2.构造

猫胃呈梨形囊状，位于腹腔前部，几乎全部在体中线左侧。胃宽阔的一端位于左背侧，此处有贲门与食管相通；胃的另一端较窄，通过幽门与十二指肠相通。

猫的胃黏膜是统一均匀的，胃腺很发达，整个胃壁上都有胃腺分布。

第二节
犬猫消化器官的特点和功能

一、口腔

消化的过程由口腔开始。口腔负责物理咀嚼，分泌唾液溶解食物营养素，刺激味蕾，感知食物味道。唾液在咀嚼时由四对唾液腺分泌。腮腺位于耳前方，颚腺位于每一边下颌的低侧，舌下腺位于舌底，颌下腺位于下颌和眼睛之间。看到和闻到食物可增加唾液的分泌量，摄入的食物类型和含水量会影响唾液的分泌量和组成。

犬唾液的另一个重要功能就是散热，在副交感神经的强烈刺激下，犬腮腺的分泌次数是人的10倍（以每克分泌腺重量为单位）。唾液的渗透性随着流动速率的增加而增加，而在最大流动速率的情况下几乎是等渗溶液。

犬猫在味觉方面存在差异。猫能感知苦、辣、酸、咸，但对甜味不敏感；猫喜欢吃咸的食物，对酸味反应最强烈，不喜欢苦味。犬在采食过程中依靠嗅觉和味觉的双重作用，能够对香、酸、甜、苦、辣进行区分，犬对酸味、苦味、咸味的食物较为喜欢。

二、食管

犬的食管只含有横纹肌，因此传播蠕动波的速度比较快。食管细胞分泌的黏液对食糜在消化道中的蠕动起润滑作用。这些分泌细胞受食糜的刺激。食物从口腔到达胃只需要几分钟的时间。

食物通过口腔到达胃，需要经过食管，食管里有黏液可以起到润滑作用。

食管末端有贲门括约肌，食物进入胃部后，括约肌收缩，防止胃内食物反流。

三、胃

从功能上来说，胃（图2-3）由近端和末端两部分组成。在暂时性的储存食物期间，胃近端会膨大，这种特性更适合于不连续的分餐摄入而不是少量多餐。由于犬是按餐进食，而猫是少量多餐，因此这对于犬来说更加重要。

胃能暂时对食物进行储存，并能控制食糜进入小肠的速率。胃通过分泌胃酸和胃蛋白酶原对食糜进行开始阶段的消化。胃酸不仅激活胃蛋白酶原为胃蛋白酶，还提供了适宜的酸性环境，从而显著提高蛋白质的分解效率。当食糜逐步进入小肠后，胃蛋白酶的活性逐渐减弱并最终失活。此外，胃通过其肌肉蠕动和消化

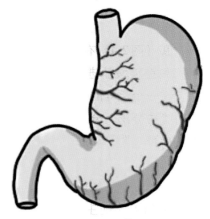

图2-3　胃

液分泌，促进食物与胃液的充分混合，这一过程对于提高食物的消化效率、促进后续的吸收至关重要。胃近端一半区域的环肌通过连续的收缩，混合和浸软胃中的食糜。胃中心的起搏器产生收缩波通过胃的末端。这些收缩的蠕动波推动食物通过胃，最后进入十二指肠。

另外，胃除了分泌胃酸和胃蛋白酶原，还分泌黏液。黏液的分泌在保护胃黏膜免受胃酸侵蚀方面起着关键作用，从而为营养物质的高效吸收提供了保障。值得注意的是，犬的胃还可以部分消化脂肪。

四、小肠

小肠是消化系统中负责大部分营养物质消化与吸收的主要器官。大部分酶促消化过程在小肠中进行，将食物中的复杂成分分解为简单的营养分子，如氨基酸、脂肪酸和单糖，这些简单的粒子连同水、维生素和矿物质一起被有效地吸收。以20千克体重的犬为例，其每天大约吸收3升液体，其中50%在空肠中被吸收，40%在回肠中被吸收。食糜从胃进入十二指肠后迅速被浓缩，十二指肠的pH环境对于酶的活性至关重要。饲喂以谷物和肉为基础日粮的犬，其十二指肠的平均pH大约为6.2，这种微酸性环境最适合多数消化酶的活性。对于猫来说，十二指肠的平均pH为5.7 ± 0.5，而空肠和回肠的pH分别为6.4 ± 0.5和6.6 ± 0.8。这些数值表明，小肠不同部分具有不同的酸碱环境，以适应特定的消化需求并确保营养物质的高效消化和吸收。

五、胰

犬的胰液有抗菌的能力。胰液的活性成分是分子量大约为4 000ku的蛋白质，适合于碱性pH，它在被稀释到10倍之前都具有活性。它能抵制胰蛋白酶的消化，并具有杀菌（包括大肠杆菌、志贺菌、沙门菌和克雷伯菌）的能力；它对阳性凝固酶和阴性的埃希菌

属及假单胞菌具有抑制作用，也可以阻止白色假丝酵母菌属的生长。它是否会对有益的微生物群落（如双歧杆菌）产生影响还不清楚。

胰（图2-4）有两个独立的功能：①外分泌，分泌酶和重碳酸盐进入小肠。重碳酸盐能使肠道的pH维持在一个最佳的状态，以利于小肠酶和胰酶发挥作用。②内分泌，分泌激素进入血液。胰酶包括无活性的蛋白酶、脂肪酶和淀粉酶。

图2-4 胰腺

六、大肠

犬猫大肠的主要作用是吸收电解质和水，并作

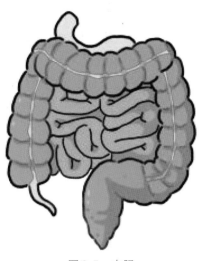

图2-5 大肠

为微生物发酵养分的主要场所。犬和猫的大肠都比较短，犬为0.6m，猫为0.4m。

大肠（图2-5）分为盲肠、结肠和直肠。结肠是大肠的主要部分，它由三部分组成：上升部、横部和下降部。大肠没有绒毛，并且表面是平的。直的、管状的肠腺从浆膜表面延伸到黏膜。在其最深的部位含有黏液细胞，并且在趋向表面的部位同时含有黏液细胞和上皮细胞。黏液是碱性的（重碳酸盐），它的作用是保护大肠黏膜免受机械和化学损伤。黏液起到润滑的作用，有利于粪便的排泄，重碳酸盐中的离子可中和微生物发酵产生的酸。猫盲肠和升结肠排空速度较快。这说明猫的盲肠和升结肠可能不是猫储藏食糜的一个重要区域，而盲肠和升结肠的长度相对较短可能是导致快速排空的主要原因。与盲肠和升结肠不同，横结肠是储藏食糜的主要部分，这说明猫的横结肠是混合、储藏和脱水的重要部位。未消化的食物在犬和猫大肠中存留的时间大约为12h。

第三节

犬猫的消化过程和特性

一、消化过程

消化过程是物理性消化、化学性消化和微生物消化的综合结果，这三种消化方式使日粮被连续地降解和消化。

1.物理性消化

咀嚼和与消化有关的肌肉收缩属于物理性消化，可将摄入的食物粒度变小。

富含酶的消化液分泌到胃和小肠的食糜中，促进了化学性消化。定居于消化道末端的微生物也分泌某些消化酶，进行化学性消化，消化那些没有被消化道前端消化的食物成分。消化道活动分为自动和被动控制。摄食咀嚼和吞咽都是由个体有意识地自动控制。吞咽后，从口腔后部开始的消化功能都是反射活动（即不是有意识地控制）。

当食物通过咽喉从食管进入胃部，括约肌舒张和收缩受脑神经的无意识控制。当食物进入胃部后，胃部肌肉产生松弛性反射，以抵消胃内压的升高。胃肠道中所有消化液的分泌和消化道的运动都由神经和激素双重调控。消化道以蠕动的形式把食糜推向肠道的末端。

吞咽是由口腔、舌、咽和食管肌肉共同参与的一系列复杂的反射性协调运动，是食物从口腔进入胃的过程。吞咽动作分为三个阶段：一是口腔期。指食物由口腔到咽的过程。食物经咀嚼形成食团后，在大脑皮质参与下，由舌压迫食团向后移送。食团到达咽部时刺激该部的感受器而启动吞咽反射。这是一个受意识控制的随意运动过程。因此，口腔期也称为随意期。二是咽期。指食团由咽到食管上端的过程。食团刺激软腭、咽部和食管等的感受器，兴奋经迷走神经、舌咽神经和三叉神经将信息传入延髓中枢，再经存在于三叉神经中的传出神经将信息传出，并立即开展一系列的肌肉反射活动。例如，引起软腭上举并关闭鼻咽孔，阻断口腔与鼻腔的通路，防止食物进入气管或鼻腔；喉头升高向前紧贴会厌软骨，封闭咽与气管的通道，使呼吸暂停；食管括约肌舒张，将食团迅速挤入食管。三是食管期。指食团由食管上端下行至胃的过程。这个过程是由食管蠕动实现的，是一种反射性活动。食管蠕动有两种类型：一种是原发性蠕动，是由吞咽动作诱发的，起始于咽部并传送到食管的连续蠕动；另一种是继发性蠕动，是由食团扩张食管引起的蠕动。继发性蠕动的生理意义在于加大原发性蠕动的推进力，并清除停留在食管中的残留物。吞咽液体时，主要靠吞咽动作的压力使液体由咽部流入食管末端。液体在食管末端暂时停留，当蓄积到一定量时，反射性地引起贲门开放，液体流入胃内。

2.化学性消化

胃的运动。在消化期和非消化期具有不同的运动形式。胃在消化期运动的主要作用：①储藏功能：位于食管末端的近侧区运动能力较弱，起储存食物的作用，以待食物最后进入小肠；②混合功能：远侧区（胃体远端和胃窦）运动能力较强，可将固体食物研碎为适合于小肠消化的小颗粒物质，与胃液混合，形成流质食糜；③排空功能：通过胃的运动将食糜从胃缓慢排入十二指肠以便进一步消化和吸收。胃在非消化期的运动主要是为了排出胃内的残留物。

食糜由胃进入小肠后，即开始小肠内消化。食糜在小肠内经胰液、胆汁和小肠液的化学性消化和小肠运动的机械性消化后，大部分营养物质被分解为可吸收利用的小分子物质，因此，小肠消化在整个消化过程中占有极为重要的地位。消化期的小肠运动类型包括紧张性收缩、分节运动、蠕动和摆动四种形式。

3.微生物消化

食糜经小肠消化吸收后，残余部分进入大肠。肉食动物的消化吸收在小肠已基本完成。大肠的基本功能主要是吸收水分和形成粪便。

大肠运动与小肠运动相似，特点是少而慢，强度较弱，对刺激的反应也较迟钝。盲肠和大肠除有明显的蠕动外，还有逆蠕动，它与蠕动相配合，使食糜在大肠内停留较长时间，有利于吸收，并为微生物的活动创造良好的条件。

食物经消化吸收后，残渣进入大肠后段（结肠和直肠），水分被大量吸收，逐渐浓缩而形成粪便，并随着大肠后段的运动，被强烈搅和压成团块状。健康动物的粪便由饲料残渣、消化的代谢产物（黏膜、脱落的胃肠上皮、胆汁和消化酶）、大肠黏膜的排泄物、大量的微生物及其发酵产物组成。一般动物的粪便量随采食量和饲料的性质而定，不同动物的排粪次数和排粪量不同。

二、消化特性

1.犬的消化特性

犬的消化（图2-6）是从食物进入胃中才开始的。犬的消化系统非常独特，和人类完全不同。犬原本是食肉动物，经过人类的长期驯养后，变成了杂食动物。它的牙齿特别发达，擅长撕咬和啃食骨头，但不善于咀嚼，所以犬吃东西的时候总表现为"狼吞虎咽"，几乎是不咀嚼就直接吞咽，它的口腔消化能力是很差的。犬的唾液腺很发达，能分泌大量的唾液用于湿润口腔和食物，唾液中含有许多具有杀菌作用的溶菌酶。犬的胃液

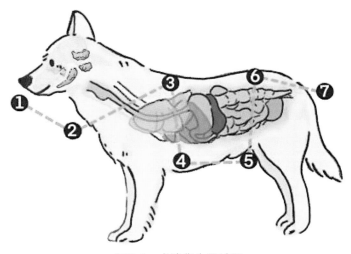

图2-6　犬消化生理过程

中盐酸含量较高，这有利于蛋白质的消化。犬的肠壁很厚，肝脏功能很强，这便于脂肪的消化和吸收。但犬的肠管较短，且不具有发酵能力，再加上咀嚼不充分，所以对纤维的消化能力很差，碳水化合物应该是在口腔里进行消化的，但由于犬的"狼吞虎咽"，胃和小肠又主要消化吸收蛋白质和脂肪，所以如果犬食物中碳水化合物含量过多，未完全消化的食物又来不及在小肠中进行最后消化，就会在大肠里产生气体，造成犬肠鸣和不适。综上可见，犬的食物应该是以易消化的动物蛋白为主，平衡搭配碳水化合物、脂肪、植物纤维、维生素和矿物质。

2.猫的消化特性

猫作为典型的食肉动物，其消化系统高度专业化，能够高效消化高蛋白质和高脂肪含量的食物。猫的消化过程从口腔开始，牙齿和舌头适于撕裂和切割肉类，唾液中几乎不含有消化酶，因为食物在口腔中停留时间短，主要靠胃和小肠进行消化。猫的胃呈J形，具有强酸性环境，胃酸pH为1～2.5，这有助于分解蛋白质和杀灭潜在的病原体。食物从胃进入小肠后，胰腺分泌的胰酶和肠道分泌的酶进一步将蛋白质、脂肪和少量的碳水化合物分解成氨基酸、脂肪酸和单糖。虽然猫体内有胰淀粉酶，但其活性较低，因而猫对碳水化合物的消化能力有限。小肠内的胆汁帮助乳化脂肪，使其更易被消化和吸收。尽管猫的结肠相对较短，纤维素发酵能力不强，但其肠道菌群仍然有助于维持肠道健康和防御病原体。猫的消化系统经过进化，增强了对动物性食物的消化吸收能力，对蛋白质和脂肪可以迅速分解并吸收，而对碳水化合物的消化能力则相对较弱。猫的饮食应主要以高蛋白质和适量的脂肪为主，补充维生素和矿物质，及少量碳水化合物和纤维，给予充足的水分，以确保营养均衡和健康。

犬猫的消化吸收和肠道屏障作用

第一节
消化吸收的影响因素

犬猫消化有三种方式：物理消化、化学消化和微生物消化。它们体内有简单的微生物群，可帮助犬猫消化剩余的食糜，肠道菌群少，消化性弱，无淀粉酶，无法消化淀粉类食物。犬猫的胃酸pH为2.5，胃酸可以帮助犬猫消化一些骨头。犬的胃排空速度1.2～4h，猫的胃排空速度0.36～7h。排空速度影响吸收，犬猫胃的吸收性因胃排空速度加快而下降。犬小肠长75cm、大肠长60cm，猫小肠长50cm、大肠长40cm。肠道长度影响营养物质停留时间，从而影响消化。犬猫小肠短，不利于消化碳水化合物。

影响消化的因素包括动物、饲料、饲养管理技术三方面。

1.动物

（1）动物种类。犬猫等宠物由于消化道的结构、功能、长度和容积不同，其消化系统在结构和功能上存在显著差异，这导致它们在营养摄取和消化效率方面具有独特的适应性。犬的消化道较长，具备较强的蛋白质和脂肪消化能力，是典型的杂食性动物，能够有效地处理包括肉类、谷物和蔬菜在内的多种食物。然而，对于粗纤维含量较高的饲料，犬的消化效率显著降低，显示其消化系统对植物纤维的适应性有限。相比之下，猫的消化道相对较短且高度特化，适应于严格的肉食性饮食。猫主要依赖蛋白质和脂肪作为能量来源，其消化道缺乏有效处理大量碳水化合物和粗纤维食物的能力。因此，猫需要摄入高蛋白、高脂肪的饮食，以满足其特定的代谢需求。

（2）年龄及个体差异。动物从幼年到成年，消化器官和机能发育的完善程度不同，则消化力强弱不同，对饲料养分的消化率也不一样。在年龄增长到24周龄以前，脂肪是唯一一种平均表观消化率随着年龄增长而提高的营养物质。胆盐促脂肪酶是猫乳中的一种成分，有研究表明，它在哺乳幼猫的脂肪消化过程中起着重要的作用。

（3）性别。猫的性别不同，消化差异比较大，雄性的采食量和排粪量比雌性的高，

图 3-1　犬饲料

而营养物质消化率比雌性低。

2.饲料

（1）种类。不同种类的饲料因养分含量及性质的不同，可消化性也不同。一般幼嫩青绿饲料的可消化性较高，干粗饲料的可消化性较低；作物籽实的可消化性较高，而茎秆的可消化性较低。对于犬猫来说，饲料的种类直接影响其消化和健康。高质量动物蛋白来源的饲料通常可消化性较高，能有效满足犬猫的营养需求；而含有大量植物性成分或粗纤维的饲料则可能降低可消化性，导致消化不良或营养吸收不充分。此外，犬猫对脂肪的消化能力较强，适量添加优质脂肪有助于提高饲料的可消化性和适口性。

（2）化学成分。饲料的化学成分中以粗蛋白质和粗纤维对消化率影响最大。饲料中粗蛋白质愈多，消化率愈高；粗纤维愈多，则消化率愈低。

（3）饲料中的抗营养物质。饲料中的抗营养物质是指饲料本身含有，或从外界进入饲料中的阻碍养分消化的微量成分。各种抗营养因子都不同程度地影响饲料消化率。

（4）饲料的加工调制。各种加工调制方法对饲料养分消化率均产生影响，其程度视动物种类不同而有差异。

3.饲养管理技术

（1）饲养水平。随饲喂量的增加，饲料消化率降低。饲养水平对犬猫的影响显著，适量饲喂有助于保持健康的体重、良好的消化能力和均衡的营养，而过量饲喂则会降低饲料消化率，增加消化不良和肥胖的风险，从而对犬猫的健康产生负面影响。

（2）饲养条件。在温度适宜和卫生、健康条件较好的情况下，动物对某种饲料的消化率高于在恶劣条件下的消化率。

（3）饲料添加剂。在饲料中添加适量的抗生素、酶制剂或益生素等添加剂，可以不同程度地改善动物消化器官的消化吸收功能，提高饲料消化率。

第二节

肠道的免疫系统

肠道免疫结构主要包括两部分：一是肠道淋巴细胞和淋巴结，分布于肠道上皮组织中，这是肠道阻止生物入侵的第一道防线；二是肠道菌群，一旦肠道受损，免疫屏障遭到破坏，菌群平衡被打破，细菌与病毒即可穿过肠壁，侵入肠系膜淋巴结，以及血液、肝脏、脾脏等脏器，从而形成内源性感染。肠道受损也是许多器官出现病变甚至衰竭的最根本原因。肠道淋巴组织和细胞在防御和抵制细菌、病毒和毒素的入侵中起到了重要的作用。

肠道免疫反应主要为固有免疫和适应性免疫。肠道的固有免疫也称作先天免疫，是一种非特异性的免疫反应，是机体长期进化形成、与生俱来抵抗病原微生物入侵和清除病原微生物的能力，属于机体的第一道防线，同时也是启动适应性免疫的基础。肠道的固有免疫由免疫细胞和免疫分子组成。肠道的适应性免疫是继固有免疫而产生的特异性免疫，相应的免疫细胞主要由肠道的相关淋巴组织、细胞和免疫分子组成。

除此之外，在肠道还产生一种特殊的免疫反应，即黏膜免疫。黏膜免疫系统是一个高度分化的免疫系统，主要存在于一些黏膜的组织部位，如胃肠道、呼吸道、泌尿生殖道等。因为肠道黏膜表面积远远大于其他黏膜，所以它是最主要的组成部分。肠消化管内含有弥散淋巴组织、孤立淋巴小结、集合淋巴小结及淋巴细胞、巨噬细胞和浆细胞等，它们参与构成机体免疫防御的第一道防线，当消化管的黏膜受到抗原的作用后，其黏膜内的淋巴组织随即产生免疫应答并向消化管内分泌免疫球蛋白，以抵御消化管内细菌、病毒及其他有害抗原物质的侵入，从而构成了肠黏膜免疫系统。

肠道菌群在维持肠道黏膜的结构与功能中发挥了关键作用。附着菌群能够调控黏膜细胞的内吞作用以及黏膜细胞内水解酶的活性，这对于降解肠腔内潜在的抗原至关重要。通过这种机制，肠道菌群有效减少了肠腔内存在的大量高分子物质的抗原性，从而在维持黏膜免疫稳态方面发挥重要作用。这一过程有助于防止不必要的免疫激活和炎症反应，确保肠道免疫系统的正常功能。

第三节

肠 道 屏 障

动物机体99%的营养物质由肠道吸收，80%以上的毒素由肠道排出体外，70%的免疫细胞分布在肠道。肠道不仅仅是消化、吸收营养物质的重要器官，同时也是机体免疫的一道防线。完善的肠道屏障可有效地阻止肠腔内的细菌、病毒、毒素等有害物质进入机体的血液循环和其他组织，从而保证人和动物的健康。在这个过程中，肠道所形成的屏障即为肠道屏障。

一、肠道屏障的组成

肠道屏障是由肠道上皮细胞连接复合体及其分泌物、肠道相关免疫细胞、肠内正常菌群组成，主要包括生物屏障、机械屏障、化学屏障和免疫屏障。

1.生物屏障

由肠道中正常的原籍菌群构成，具有对抗肠道中潜在致病菌或外源性致病菌定植和繁殖的能力，也就是我们经常说的"拮抗作用"。肠道常驻菌与宿主的微空间结构形成了一个相互依赖又相互作用的微生态系统。当这个微生态菌群的稳定性遭到破坏后，肠道定植抵抗力大为降低，可导致肠道中潜在性病原体（包括条件致病菌）的定植和入侵。犬猫胃肠道菌群由居住在消化道中的数万亿个微生物细胞组成，从口腔开始，一直持续到直肠。动物肠道微生物由需氧菌、兼性厌氧菌和严格厌氧菌组成，研究结果表明，整个肠道菌群的组成与分布并不均匀，小肠主要定植需氧菌和兼性厌氧菌，而盲肠和结肠中的优势菌种主要为兼性厌氧和严格厌氧菌，对应胃肠道氧梯度的下降趋势。犬猫的肠道菌群在数量与种类上也存在较大差异，犬十二指肠和回肠内细菌数量相对较低，猫小肠微生物数量较犬高得多。犬小肠内的优势菌为定植于十二指肠和空肠内的链球菌、乳酸杆菌和双歧杆菌，而猫十二指肠中最常见的是需氧的巴斯德菌和厌氧的拟杆菌、真细菌和梭菌。犬猫胃肠道微生物组成与分布受到饮食、抗菌剂和宿主免疫系统等多方面的影响。另外，有研究结果表明，犬肠道菌群与人类较为相似，主要有拟杆菌门、厚壁菌门、变形菌门和梭杆菌门。因此认为犬可能更适合作为研究人肠道微生物的模式动物。

2.机械屏障（物理屏障）

机械屏障是指完整的彼此紧密连接的肠黏膜上皮结构（图3-2）。肠黏膜屏障以机械屏障最为重要。正常情况下肠黏膜上皮细胞、细胞间紧密连接与菌膜三者构成肠道的机械屏障，完整的肠道黏膜上皮细胞及细胞间的紧密连接能阻止肠腔内毒素、抗原及微生物等有害物质的侵入。

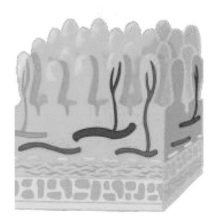

3.化学屏障

化学屏障由肠黏膜上皮分泌的黏液、消化液及肠腔内正常寄生菌产生的抑菌物质构成。抑菌物质指胃肠道分泌的胃酸、胆汁、胰蛋白酶、溶菌酶和肠液等，以及肠道菌群产生的大量短链脂肪酸。这些化学物质可以抑制致病菌的生长。

图3-2　肠黏膜上皮微绒毛结构

4.免疫屏障

免疫屏障由肠黏膜淋巴组织（包括肠系膜淋巴结、肝脏枯否细胞）和肠道内浆细胞分泌型抗体构成。胃肠黏膜中25%为淋巴组织，它们通过细胞免疫和体液免疫作用，防止致病性抗原对机体的伤害。由肠道相关淋巴组织（GALT）产生的特异性分泌型免疫球蛋白（S-IgA）进入肠道能选择性地识别和结合革兰氏阴性菌，形成抗原抗体复合物，阻碍细菌与上皮细胞受体相结合，同时刺激肠道黏液分泌并加速黏液层的流动，可有效地阻止细菌对肠黏膜的黏附。在创伤、感染、休克等应激状态下，GALT呈现选择性抑制状态，S-IgA分泌减少，增加了细菌黏附机会，导致肠道内的细菌通过肠壁进入其他组织或器官，即发生细菌易位。

二、肠道屏障的功能

肠道屏障功能是指肠道上皮具有分隔肠腔内物质，防止致病性抗原侵入的功能。正常情况下，肠道具有屏障作用，可有效地阻止肠道内500多种、浓度高达每克10^{12}个的寄生菌及其毒素向肠腔外组织、器官移位，防止机体受内源性微生物及其毒素的侵害。

在正常情况下，肠道内存在着很多细菌，各类细菌间相互制约、相互依存，构成一个巨大而复杂的生态系统。这些微生物通过多种途径参与宿主消化吸收、能量代谢和免疫防御应答等多项生理活动，直接或间接调控宿主神经、免疫、内分泌、呼吸系统等的功能，进而影响犬猫整体健康状态。肠道正常菌群可通过营养竞争、占位效应等方式抑制条件致病菌的过度生长和外来致病菌的入侵，并通过上调肠上皮细胞紧密连接蛋白的表达及免疫球蛋白和免疫因子含量，影响肠道黏膜免疫和宿主免疫，提高犬猫对疾病的抵抗力。

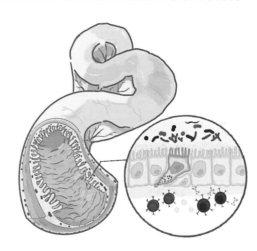

图3-3 肠黏膜抵抗病原体入侵

肠道功能完整的黏膜屏障可防止细菌入侵，也可防止吸收毒素。

三、肠道屏障的影响因素

应激、病原菌和炎症性肠道疾病等多种因素都会影响肠道的渗透性，从而影响到肠道的屏障功能。

1.应激

各种应激源都会影响肠道的屏障功能，如生理性应激、药物性应激和心理性应激等。热应激是影响动物生产的重要因素。而胃肠道是对热应激产生反应的主要部位。有研究发现，在热应激过程中，γ干扰素（IFN-γ）、α肿瘤坏死因子（TNF-α）及白细胞介素等细胞因子的增加会破坏肠道的紧密连接，从而导致肠道的渗透性增加。持续剧烈运动的阿拉斯加雪橇犬尿中和血清中的乳果糖与鼠李糖的比例增加了，这表明剧烈运动所导致的应激可增加肠道的渗透性。

2.病原菌

肠道内致病菌及其毒素可损伤肠道屏障的功能。病原微生物对宿主肠道上皮细胞的影响是很复杂的。肠道中的病原菌能结合在上皮细胞表面，从而使紧密连接蛋白的表达发生变化。另外，病原菌所产生的毒素通过破坏细胞内蛋白质的相互作用而使细胞受损，从而导致细胞间的渗透性增加，并最终引起细胞死亡。肠道病原菌主要通过三种途径影响肠道上皮细胞的生理功能：一是改变肠道上皮细胞紧密连接，二是诱导液体和电解质的分泌，三是激活炎症反应的通路。

3.炎症性肠道疾病

炎症性肠道疾病是一类病因复杂且未完全明确的肠道炎症，多被认为是由环境、自身免疫、遗传和感染等多种因素相互作用导致。肠道的屏障功能在炎症性肠道疾病的发生、发展过程中发挥重要作用。有研究证实，患有炎症性肠道疾病的人肠上皮细胞的紧密连接受到破坏，肠黏膜炎性因子的释放增加，这些都会导致肠黏膜上皮的渗透性增加，从而导致肠道屏障功能受损。

犬猫所需的营养物质

第一节

能　　量

一、能量的来源

能量是一切生命活动的驱动力。动物通过氧化碳水化合物、脂肪和蛋白质获得能量。正常情况下，能量主要来自饲料中的碳水化合物。淀粉及一些糖类是犬猫主要的能量来源。此外，每克脂肪提供的能量是碳水化合物的2.25倍，但脂肪的摄取一般较碳水化合物少。蛋白质资源比较缺乏，作为能源价值昂贵，且过多的氨基酸代谢对健康不利，一般不作为能量来源。

二、能量的作用

1.维持生命活动

动物所进行的所有生命活动，包括营养物质的消化吸收、物质转运、代谢废物的排泄、各种肌肉活动、呼吸、血液循环、神经活动、腺体分泌等都需要消耗能量，没有能量，生命活动就无法进行。维持生命活动的能量来源于三大有机物的氧化。生物氧化释放出来的能量一部分以热量的形式散发，另一部分以自由能的形式储存在腺苷三磷酸（ATP）（图4-1）中。当ATP超过需要时则以稳定的形式如以磷酸肌酸的形式储存起来，但磷酸肌酸也是暂时的能量储存形式。能量的主要储存形式是脂肪，也有少量以糖原形式进行储存。饥饿的动物主要靠储存的能量提供所需的能量，首先是降解糖原，然后是脂肪和蛋白质。

2.维持体温

体温的维持是由体内的产热和散热两个生理过程进行调节的，当散热等于产热时，则体温维持恒定。在寒冷的情况下，动物需要通过颤抖和非颤抖产热（代谢产热）增加

图4-1　ATP

产热量，这两个过程都消耗能量，同时把化学能转化为热能，用于维持体温。

第二节

水

水（图4-2）是所有营养物质中最重要的一种。动物体内所有的生理活动和各种物质的新陈代谢都必须有水的参加才能顺利进行。例如，构成机体的细胞和组织由于吸收了大量的水，才能具有一定的形态、硬度和弹性；营养物质的吸收和运输，代谢产物的排出，均须溶解在水中才能进行。

一、水的来源

图4-2　水

动物需要的水来源于饮水、饲料水和代谢水。饮水是来自自然界的水；饲料水是饲料中含有的水；动物体内三大营养物质分解和合成代谢产生的水，即代谢水。

动物在许多情况下通过饮水获得的水量比其他来源的水多，饮水是调节体内水平衡的重要环节。犬猫的体重、年龄、饲粮成分、生产能力和环境温度对饮水量有显著影响。动物的体重越大、年龄越大，其饮水量越大；饲粮中蛋白质含量越高，采食量越高，动物的饮水量也越大；饮水量也随环境温度的升高而增加。

二、水的作用

1.水是细胞的重要组成成分

水在动物体内并不是孤立存在的，大多以蛋白胶体的形式形成结合水，使组织器官保持一定的形态和弹性。

2.水是物质运输和化学反应的介质

水分子具有极性，是自然界中能溶解物质最多的良好溶剂。动物体内的各种生化过程，如营养物质的消化、吸收、输送、排泄，组织中营养物质的转化和转运，以及信号物质的传导等都需以水作为介质。水能够稀释细胞内外的物质，也是良好的分散剂。它的溶解性和电离能力使很多化合物容易在水中溶解或电离，使得各种化学反应都可以在细胞内、体液和各类组织中进行。

3.水是化学反应的参与物

水是生命体内各种化学反应的必需介质，它参与了体内所有的代谢过程。无论是蛋白质、脂肪、碳水化合物的分解代谢与合成代谢，还是细胞呼吸、氧化还原反应、聚合与降解过程，都离不开水的参与。水不仅作为反应的参与者，还是许多反应的产物或溶剂，像水解反应和水化反应中，水要么被消耗，要么与其他化合物结合。

4.水是调节体温的重要物质

水的特性使其在动物体热平衡方面有显著的作用。高的比热、高的导热系数和高的蒸发热，使水能够储存大量热，能够吸收化学反应产生的热，散发大量的多余热，调节体温在正常生理范围内变化。

5.水是良好的润滑剂

动物口腔、胃肠道、胸腔、腹腔、关节腔的界面接触经常产生摩擦和碰撞，水作为润滑液缓解了机械摩擦与碰撞对组织器官和关节的损伤。唾液有助于食物的吞咽，消化液有助于食糜的运动，眼液有助于眼球的活动，肺液有助于呼吸道的湿润。水维系着机体内环境的稳定，保证组织器官及各类细胞的正常活动。

成年犬猫体内含有60%以上的水，幼年动物的比例更高，可达80%～90%。在正常情况下，成犬每天每千克体重应供给150mL的清洁饮水，幼犬为100mL。高温季节、运动过后或饲喂较干的饲粮时，应增加饮水量。在实际饲养中可全天供应清洁的饮水，任其自由饮用。

碳 水 化 合 物

一、碳水化合物的来源

碳水化合物即糖类，有机化学中一般根据糖类中含有单糖分子的数量，分为单糖、低聚糖和多聚糖等。对于多聚糖，营养学上分为营养性多糖和结构性多糖。

（1）营养性多糖。植物性籽实中营养性多糖含量可达25%～......粉，同时也含有少量的单糖和低聚糖等。营养性......过程中主要的能量来源。

（2）结构性多糖。结构性多糖是植物组织中除淀粉以外所有多聚糖的总称，也称作非淀粉多糖。植物秸秆干物质中结构性多糖含量可达 70%～80%，植物的籽实中结构性多糖的含量也可达到10%～25%。其中有一类既不能被胃肠道消化吸收，也不能产生能量的多糖，称为膳食纤维。主要包括纤维素、半纤维素、果胶和木质素等。膳食纤维可分为可溶性膳食纤维和不溶性膳食纤维。可溶性膳食纤维主要包

图4-3 富含碳水化合物的食物

括果胶、寡糖及抗性淀粉等，能促进机体代谢，其中寡糖可以作为益生元，促进肠道益生菌的生长；肠道微生物发酵产生的短链脂肪酸可作为犬猫的能量来源，促进肠道细胞的增殖、分化。不溶性膳食纤维主要包括纤维素、木质素及发酵缓慢的半纤维素，能促进肠道蠕动，润肠通便，减少食物在胃肠道的停滞时间。

二、碳水化合物的营养价值

1.营养性多糖

（1）作为主要能量来源。犬猫饲粮中的碳水化合物经过水解生成葡萄糖被吸收到体内。

葡萄糖的功能：在动物体内氧化供能，体内代谢所需能量的70%来自糖的氧化。有些组织器官只能直接利用葡萄糖，如大脑神经系统。动物大脑神经组织中无能量储备，完全依赖血糖供给能量，血糖水平正常才能保证大脑功能正常。葡萄糖也是肌肉、脂肪组织、乳腺等组织代谢活动的主要能量来源。动物主要依靠营养性多糖满足生理上的能量需要。碳水化合物特别是葡萄糖在供给能量上有许多优点，在无氧情况下，葡萄糖也

能酵解产能；并且葡萄糖氧化过程中耗氧少，对于在缺氧环境下、高强度运动，氧化葡萄糖比氧化脂肪更有利于生理环境的稳定。

（2）作为能量储备物质。碳水化合物转化成糖原和脂肪储存在体内。糖原储存在肝脏和肌肉中，分别形成肝糖原和肌糖原。糖原在动物体内经常处于合成储备与分解消耗的动态平衡。碳水化合物在合成糖原后有剩余时，将合成脂肪储存于体内。

（3）作为合成原料。糖在分解代谢过程中形成的中间产物可成为合成脂类和蛋白质的原料。丙酮酸可以转化成丙氨酸，再转化成乙酰辅酶A，乙酰辅酶A是合成长链脂肪酸和胆固醇等脂类的原料。

（4）其他。犬猫的饲粮中加入适量的碳水化合物，可减少动物体对蛋白质的分解供能；核糖及脱氧核糖是细胞中遗传物质的重要组成部分。

2.结构性多糖

（1）促进消化道发育。粗纤维有促进胃肠道蠕动，刺激消化液分泌的功能。在犬猫的饲粮中加入适量的纤维性物质，可以促进动物肠胃的健康发育。但需注意适量，过量添加易造成便秘。

（2）膳食纤维可降低有机化合物的消化率。犬猫的前段消化道没有消化粗纤维的酶类，纤维素吸水力又较强，加快了食糜的流通速度，影响消化道消化酶与食糜的混合，增加内源蛋白质和脂肪的损失，从而降低了蛋白质、淀粉和脂肪等有机物质的消化率。膳食纤维能显著影响犬猫粪便质量，可通过稀释饲粮营养物质水平来减少能量的摄入，在减肥饲粮中合理使用膳食纤维，让犬猫获得机械性饱食的同时避免高能量的摄入，利于肥胖犬猫控制体重。膳食纤维还可增加食物黏性，减慢胃排空时间并对消化酶形成一种屏障，减缓食物中营养物质的消化和吸收，有益于糖尿病犬猫的血糖控制。

第四节

脂　　类

脂类是动物饲料中提供能量的一类重要化合物，是中性脂肪和类脂的总称，是一类不溶于水而溶于有机溶剂的物质。脂类的品质和特性不仅影响犬猫的采食量，而且对犬猫的生理机能有影响。

一、概念和来源

脂类包括脂肪和类脂。脂肪多由甘油和脂肪酸构成。类脂包括磷脂、糖脂、固醇类、脂蛋白等。按是否与碱发生

图4-4　富含脂类的食物

可皂化反应，分为可皂化脂类和非皂化脂类。可皂化脂类包括简单脂类、复合脂类；非皂化脂类包括固醇类、萜烯类。多来源于动植物的脂肪组织。

二、营养价值

（一）简单脂类

简单脂类包括脂肪和蜡质。

1.脂肪的作用

（1）提供能量。甘油和脂肪酸是犬猫维持生命活动的重要能量来源。脂肪提供能量具有以下特点：①含能高。1g脂肪在体内分解成二氧化碳和水可产生38kJ能量，是蛋白质和碳水化合物产能的2.25倍。②代谢损失少，热增耗较低。在动物饲粮中添加等能值的油脂替代部分蛋白质，可以降低热增耗，增加饲粮的净能值。糖类合成脂肪时消耗能量，脂肪沉积体内时不耗能。

（2）储备能量。犬猫采食多余的能量以脂肪的形式储存在体内。脂肪组织中脂肪含量最高可达97%。糖原的含水量很高，相同质量的脂肪储存能量的能力是糖原的6倍。糖原在犬猫体内的含量仅为1%左右，因此脂肪是动物主要储存能量的形式。当饲粮中的能量不能满足动物的需要时，体内储存的脂肪即可提供能量。褐色脂肪组织是幼龄犬猫的一种特殊储能方式。幼龄犬猫调节体温的能力较差，在寒冷的环境中，通过消耗褐色脂肪组织的能量进行非颤抖性产热，以维持体温。

（3）提供必需脂肪酸。犬猫对脂肪的需要并不是必需的，但脂肪提供的一些脂肪酸是犬猫必需的。必需脂肪酸的营养和生理作用：①作为生物膜的构成物质。细胞膜、线粒体膜和质膜等生物膜的双层磷脂中富含花生四烯酸。生物膜中这些不饱和脂肪酸维系着膜的正常流动性，对细胞膜功能的正常发挥有重要作用。②合成前列腺素。前列腺素由亚油酸、花生四烯酸和α-亚麻酸衍生生成，其中花生四烯酸最重要。前列腺素在局部调控细胞代谢中具有重要作用，如促进血管收缩、调节血压、调节血液凝集、促进排卵和分娩、促进一些激素的合成与分泌、保护胃肠道细胞等。③调节胆固醇代谢。胆固醇必须与必需脂肪酸结合才能在体内转运，进行正常代谢；必需脂肪酸缺乏时，胆固醇与其他一些饱和脂肪酸结合形成难溶性胆固醇酯，从而影响胆固醇正常运转，导致代谢异常。脂肪酸是猫机体长时间运动所消耗的主要能量。猫饮食中的脂肪也是必需脂肪酸的来源，二十碳五烯酸（EPA）作为鱼油的主要成分是最常见的猫饮食补剂。

（4）协助脂溶性物质的吸收。脂肪作为溶剂可协助脂溶性维生素及其他脂溶性物质的消化吸收。无脂饲粮会产生脂溶性维生素的缺乏症。脂肪能够促进维生素A和胡萝卜素的吸收，特别是促进后者的吸收。

（5）维持体温、防护作用及提供代谢水。①皮下脂肪可阻止体表的散热和抵抗微生物的侵袭，冬季可起到保温作用，有助于御寒。②幼龄动物、冬眠动物和寒带动物体内有特殊的褐色脂肪组织，其氧化所产生的能量都以热量的形式释放出来，对于维持体温具有重要的意义。③内脏器官周围的脂肪垫有缓冲外力冲击的作用。④脂肪还是代谢水的重要来源，1g脂肪氧化可产生1g的代谢水。

（6）调节脂肪组织的内分泌功能。脂肪组织不仅是能量储存器官，还是重要的内分泌组织。其分泌的一些激素或细胞因子（如瘦素、脂联蛋白等）可通过自分泌、旁分泌途径甚至通过血液循环影响远处靶组织（包括脑、肝和肌肉等器官）的功能。

2.蜡质的作用

犬猫的被毛上覆盖了一层蜡质，蜡质可使其被毛不透水，具有一定的抗湿作用。

（二）复合脂类

复合脂类主要包括磷脂类、鞘脂类、糖脂类和脂蛋白，它们具有不同的作用。

1.磷脂类的作用

磷脂类是指分子中包含磷酸和氮的复合脂类，它们广泛分布于动植物组织中。在犬猫体内，主要存在于心脏、肾脏和神经组织，在神经轴突中髓磷脂包含55%的磷脂。鸡蛋是磷脂含量最丰富的食物。

（1）磷酸甘油酯。在犬猫体内主要的磷酸甘油酯是卵磷脂和脑磷脂。磷酸甘油酯分子内部含有亲水性的磷酸基团和疏水性的长链脂肪酸，因此具有很强的表面活性，是构成细胞膜类脂层的重要物质。同时，在十二指肠中磷脂可起到乳化作用，并且是血浆脂蛋白的成分，参与脂肪的运输。

（2）醚磷脂。醚磷脂分子中含有甘油，第一位碳原子以烃基代替了酰基，含有乙烯醚基团。醚磷脂在细胞膜结构中起着重要的作用，维持细胞膜的完整性和稳定性。此外，醚磷脂还参与调节细胞信号传导和细胞分化等生物学过程。它在心脏中含量超过磷脂的50%。其中一种重要的醚磷脂是血小板活化因子（platelet activating factor，PAF），对促进血小板的活性具有很强的作用。

2.鞘脂类的作用

鞘脂类主要包括鞘磷脂和脑苷脂。

（1）鞘磷脂。鞘磷脂也具有很强的表面活性，在构成生物膜中起重要作用，特别是在神经组织中起到保护神经细胞的作用。

（2）脑苷脂。脑苷脂是一种髓鞘成分，存在于神经元表面，调节多种神经过程。

3.脂蛋白的作用

脂蛋白主要包括极低密度脂蛋白、低密度脂蛋白及高密度脂蛋白，各类脂蛋白含有不同比率的胆固醇、甘油三酯、磷脂质及蛋白质。

（1）极低密度脂蛋白（VLDL）。主要成分为甘油三酯，在肝脏或小肠内合成。

（2）低密度脂蛋白（LDL）。血中60%～70%的胆固醇由低密度脂蛋白携带。主要是将胆固醇由肝脏带到周边组织。

（3）高密度脂蛋白（HDL）。血中20%～30%的胆固醇由高密度脂蛋白运送。主要是将周边组织的胆固醇带回肝脏代谢。

4.糖脂类的作用

（1）组成细胞膜的成分。在犬猫的组织器官中，糖脂主要存在于脑和神经纤维中，是构成细胞膜类脂层的重要物质。

（2）信息传递。糖脂主要存在于脑和神经纤维中，可能在细胞膜传递信息的活动中起着载体和受体作用。

（三）非皂化脂类

非皂化脂类包括固醇类、萜烯类和磷脂等。

1.固醇类

（1）胆固醇。是高等动物细胞膜的组成成分，也是脑和中枢神经系统髓鞘结构中的重要物质，又是合成胆汁酸、维生素D和类固醇激素的原料。7-脱氢胆固醇可由胆固醇转化而来，在紫外线的照射下可变为维生素D。

（2）胆汁酸。胆固醇代谢的末期可在肝脏中合成胆汁酸，在胆囊中储存，通过胆管分泌到十二指肠。胆汁酸可作为胆固醇的排泄产物；胆汁盐与磷脂一起阻止胆固醇从胆汁中析出；胆汁酸可乳化甘油三酯，活化胰脂肪酶，促进消化道内脂溶性维生素的吸收。

（3）类固醇激素。类固醇激素包括雌激素、雄激素、孕酮、皮质醇、醛固酮和皮质激素。后三者由肾上腺分泌，对葡萄糖和脂肪代谢具有调节作用。

2.萜烯类

萜烯类可以分为单萜、倍半萜、二萜、二倍半萜、三萜、四萜、多聚萜等。萜烯类具有抗炎症、抗菌、抗病毒、抗氧化及免疫调节的作用，有的还具有镇痛的功效。

第五节

蛋 白 质

蛋白质是生命活动的物质基础。构成蛋白质的基本单位是氨基酸，氨基酸的数量、种类和排列顺序的变化，组成了各种各样的蛋白质，不同的蛋白质具有不同的结构和功能。

图4-5　富含蛋白质的食物

一、蛋白质的分类和来源

蛋白质的种类繁多，结构复杂，迄今为止没有一个理想的分类方法。根据蛋白质的来源和营养价值可分为植物来源的简单蛋白质、动物来源的简单蛋白质，以及结合蛋白。

（一）植物来源的简单蛋白质

1.谷蛋白

谷蛋白是禾本科籽实的主要蛋白质之一，不溶于水，易溶于稀酸、稀碱。主要包括麦谷蛋白、米谷蛋白、米精蛋白等。玉米胚乳蛋白的35%和胚芽蛋白的54%左右属于谷蛋白。小麦麦谷蛋白约占籽粒总蛋白的10%，是面筋蛋白的主要成分。与醇溶蛋白相比，谷蛋白的氨基酸组成更加平衡，赖氨酸和色氨酸含量是醇溶蛋白的3倍左右。动物对谷蛋白的净利用率也高于醇溶蛋白。

2.醇溶蛋白

醇溶蛋白也是禾本科籽实的主要蛋白质之一，不溶于水，易溶于稀酸、稀碱，可溶于70%～80%乙醇中，与谷蛋白一起构成禾本科籽实的储藏蛋白。玉米胚乳蛋白的42%和胚芽蛋白的6%左右是醇溶蛋白。小麦醇溶蛋白占小麦面粉总量的4%～5%。醇溶蛋白中赖氨酸和色氨酸含量很低，净蛋白利用率只有57%左右，蛋白质营养价值低于谷蛋白。

3.球蛋白

豆科籽实中95%以上蛋白质属于球蛋白，禾本科籽实含量很少。不溶或微溶于水，可溶于稀盐溶液。用半饱和中性硫酸铵溶液可将球蛋白析出，遇热后凝固。主要包括豆球蛋白和豌豆球蛋白等。球蛋白由14～17种氨基酸组成，必需氨基酸中除蛋氨酸含量略低外，其余几乎与动物蛋白质相似，且含有较多的赖氨酸。蛋白质营养价值相对较高。

此外，豆科籽实中还含有少量清蛋白，禾本科籽实清蛋白含量很低。

（二）动物来源的简单蛋白质

1.清蛋白

清蛋白亦称白蛋白，是分布最广的蛋白质。动物的所有组织器官的细胞及体液中均含有清蛋白。溶于水、稀盐、稀酸和稀碱溶液。用饱和的硫酸铵可将其析出，并遇热凝固。主要有卵清蛋白、血清蛋白、乳清蛋白等。清蛋白由氨基酸在肝细胞合成并被分泌进入血液循环。清蛋白完全水解可游离出19种氨基酸，其中赖氨酸、亮氨酸、谷氨酸含量较多，而蛋氨酸、甘氨酸含量较少。清蛋白的消化率和营养价值都很高。

2.球蛋白

球蛋白主要包括血清球蛋白、肌球蛋白、血浆纤维蛋白原等。血清球蛋白是血清蛋白质的一部分，它能与外来的特异性抗原起免疫反应而保护机体。肌球蛋白的活性与肌肉的力量直接相关，参与骨骼肌收缩运动。血浆纤维蛋白原可转变为凝胶状态的纤维蛋白，参与凝血反应。经过适当的加工处理，动物来源的各种球蛋白都可以作为优良的饲料蛋白质。例如，经喷雾干燥的血浆蛋白粉中免疫球蛋白含量占22%左右，不仅赖氨酸、色氨酸和苏氨酸等必需氨基酸的含量较高，而且具有一定的免疫活性。球蛋白的营养价值非常高。

3.胶原蛋白

动物体内胶原蛋白含量较高，是构成软骨和结缔组织的主要成分。不溶于水，消化性较差。但在稀酸和稀碱溶液中浸泡易被膨润而形成冻胶，再经煮沸，可改变其结构，变成可溶性的白明胶。水解产物中甘氨酸、羟脯氨酸含量较多，酪氨酸、蛋氨酸、组氨酸等含量较少，胱氨酸、半胱氨酸、色氨酸及异亮氨酸含量更少。胶原蛋白的营养价值相对较低。

4.弹性蛋白

弹性蛋白主要存在于肌腱和动脉血管等弹性纤维结缔组织中。不溶于水，也不能被膨润。弹性蛋白与胶原蛋白相似，富含甘氨酸和脯氨酸；与胶原不同的是，弹性蛋白的羟基化程度不高，不含赖氨酸。弹性蛋白分子间通过赖氨酸残基形成共价键进行相互交联，它们形成的交联网络可通过构型的变化产生弹性。水解后的主要氨基酸为甘氨酸，其次为亮氨酸、缬氨酸。弹性蛋白不能被动物消化酶水解。弹性蛋白的营养价值较低。

5.角蛋白

角蛋白主要存在于脊椎动物的羽毛、毛发、蹄、角、爪和喙等部位。不溶于水、酸、液氨及有机溶剂，也不能被消化酶消化。当它被无机酸长期浸泡时，可水解出7～14种氨基酸，其中胱氨酸、蛋氨酸含量较多，赖氨酸、组氨酸、丝氨酸含量较少。经过适当的加工可作为动物的饲料。角蛋白的营养价值很低。

角蛋白、胶原蛋白、弹性蛋白都不溶于水、盐溶液及有机溶剂，故被称为不溶性蛋白或硬蛋白。

（三）结合蛋白

结合蛋白是由简单蛋白质与非蛋白质物质结合而成的复合物，其水解产物是氨基酸和其他化合物。简单蛋白质结合的各种非蛋白质组分称为结合蛋白质的辅基。这些蛋白质在动植物体内分布十分广泛，但是绝对含量并不高。

1.核蛋白

蛋白质与核酸结合的产物。普遍存在于生物的细胞核和原生质的有形成分中。由于核酸分为两大类，故核蛋白也分为两大类，即核糖核蛋白、脱氧核糖核蛋白。

2.糖蛋白

糖蛋白是由蛋白质与复合多糖类构成的结合蛋白。其中以黏多糖为辅基的蛋白质称作黏蛋白。黏蛋白广泛存在于动物的多种组织器官中，并起着重要的生理作用。

3.脂蛋白

脂蛋白是由蛋白质与脂肪或类脂构成的。脂蛋白广泛存在动物体中。高等动物血液中的脂蛋白包括α-脂蛋白和β-脂蛋白。细胞膜中的脂蛋白决定着膜的通透性。

4.色蛋白

蛋白质和有色物质结合构成了色蛋白。其中最重要的是卟啉类色蛋白，其次有黄素蛋白和黑素蛋白等，它们在体内表现出多种不同的作用。

5.磷蛋白

蛋白质和磷酸结合成磷蛋白。磷蛋白是动物脑组织中的重要组成成分。其中最重要的是酪蛋白、卵黄磷蛋白和鱼卵蛋白等。按照氨基酸成分来说，酪蛋白是营养价值非常全面的蛋白质。

6.金属蛋白

以金属离子为辅基的结合蛋白称金属蛋白。主要的金属离子有铁离子、铜离子、锌离子、钴离子、钙离子、镁离子等。最常见的为铁蛋白，其次是锌蛋白和铜蛋白。

7.类金属蛋白

以非金属元素为辅基的结合蛋白称类金属蛋白。其辅基为非金属元素，如碘、氟等。

二、蛋白质的营养作用

1.构成机体组织器官的基本成分

蛋白质广泛存在于动物的皮肤、肌肉、神经、骨骼、软骨、牙齿、毛发、角、喙、肌腱、韧带和血管中，参与构成各种细胞组织，维持皮肤和组织器官的形态和结构。例如，胶原蛋白赋予组织以强度和韧性，弹性蛋白赋予组织以弹性和抗张能力。犬猫饲粮中必须提供足够量的优质蛋白质，才能维持细胞的生长、更新和修补。

2.参与多种重要的生理活动

动物体内具有多种特殊功能的蛋白质，如酶、多肽激素、抗体和某些调节蛋白等。肌肉收缩、物质运输、血液凝固等也由蛋白质来实现。此外，氨基酸代谢过程还产生胺类、神经递质、嘌呤和嘧啶等含氮化合物。蛋白质和氨基酸的功能不能由糖和脂类代替。

3.氧化供能

蛋白质分解产生的氨基酸经脱氨基作用生成的酮酸可以被进一步氧化分解，产生ATP供能。每克蛋白质在体内氧化分解产生17.19kJ能量。

4.转化为脂肪或糖类

当犬猫饲粮蛋白质供应过量或氨基酸不平衡时，蛋白质分解产生氨基酸，除亮氨酸外，其他氨基酸都可以通过糖异生途径转变为糖；而且所有氨基酸都可以转化成脂肪。

三、氨基酸的营养

1.必需氨基酸（EAA）

必需氨基酸是指动物体内无法代谢合成或合成量不能满足动物需要，必须由饲粮提供的部分氨基酸。由于代谢途径的差异，不同动物所需的必需氨基酸的种类略有不同。

犬的必需氨基酸种类（9种）：组氨酸、缬氨酸、亮氨酸、异亮氨酸、赖氨酸、蛋氨酸、苯丙氨酸、苏氨酸、色氨酸。

猫的必需氨基酸种类（10种）：精氨酸、组氨酸、缬氨酸、亮氨酸、异亮氨酸、赖氨酸、蛋氨酸、苯丙氨酸、苏氨酸、色氨酸。

2.半必需氨基酸（SEAA）

半必需氨基酸是指机体内以必需氨基酸作为前体合成的氨基酸，反应是不可逆的，饲粮中补充半必需氨基酸可以在一定程度上节约对应的必需氨基酸。例如，在犬猫体内半胱氨酸和胱氨酸可以由蛋氨酸合成；酪氨酸可以由苯丙氨酸氧化生成；丝氨酸可以由甘氨酸合成。胱氨酸与半胱氨酸、酪氨酸及丝氨酸就是半必需氨基酸。

3.条件必需氨基酸（CEAA）

条件必需氨基酸是指动物在某一生长阶段或生理状态下，内源合成量不能满足需要，必须由饲粮提供的氨基酸。如精氨酸是犬的条件必需氨基酸。

4.非必需氨基酸（NEAA）

非必需氨基酸是指动物机体内可以合成，不必由饲粮提供的氨基酸。事实上，这部分氨基酸也是犬猫生长发育和维持生命过程中必不可少的，所谓"必需"和"非必需"氨基酸，指的是该种氨基酸内源合成量与动物总需要量相比的满足程度。

5.限制性氨基酸（LAA）

限制性氨基酸是指饲粮中所含必需氨基酸的量与动物需要量相比，差距较大的氨基酸。在动物体内，蛋白质的合成受到这些氨基酸的限制。按照相对含量由低到高的顺序，依次称为第一、第二、第三、第四……限制性氨基酸。

第六节

维 生 素

维生素（图4-6）是动物生命过程中不可缺少的一类小分子有机化合物，在机体内起着与三大营养物质完全不同的作用。维生素是体内代谢过程的生物催化剂——酶的组成成分或与一些生物活性物质有关系，广泛参与机体的化学反应过程和维持内环境的稳定。动物体内几乎不能合成这类化合物，必须由饲料提供。现已确认动物体组织中含有14种维生素，它们对动物的正常生长和生产具有重要的生理作用。

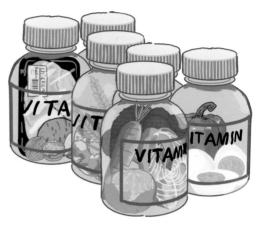

图4-6　维生素

一、维生素的分类

常见的维生素有14种。根据溶解性质的差异，一般分为脂溶性维生素和水溶性维生素两大类。

脂溶性维生素有4种，即维生素A、维生素D、维生素E和维生素K。脂溶性维生素以维生素原（或维生素前体）的形式存在于植物组织，维生素原能够在动物体内转变成脂溶性维生素。例如，胡萝卜素既是维生素A原，也有自身的生理活性。在化学组成上，脂溶性维生素只含有碳、氢、氧三种元素。脂溶性维生素的吸收受脂肪吸收的影响，在机体内能大量储存，吸收得越多，储存得也越多。体内能储存脂肪的组织均可储存脂溶性维生素。其主要是通过胆汁、人类粪便排出。

在生理作用方面，脂溶性维生素主要表现在调节机体某些结构单元的代谢，且每种维生素均显出一种或多种特定的作用。脂溶性维生素缺乏症与其本身的功能有关，有典型的症状。例如，钙的代谢需要维生素D，缺乏维生素D时则会引起骨骼病变。此外，脂溶性维生素过量会引起中毒，尤其是维生素A和维生素D。

水溶性维生素有9种，即维生素B_1（硫胺素）、维生素B_2（核黄素）、泛酸、烟酸（维生素PP）、维生素B_6（吡哆醇）、生物素、叶酸、维生素B_{12}和维生素C。前8种合称为B族维生素，它们在生理作用及化学组成上有许多相似之处。在化学组成上，水溶性B族维生素除含有碳、氢、氧外还含有氮、硫及其他元素。水溶性维生素没有维生素原，存在于植物组织的就是水溶性维生素本身。消化道微生物可合成B族维生素。水溶性维生素的吸收过程较为简单，随肠道吸收水一同进入血液。水溶性维生素（维生素B_{12}除外）在体内储存很少，主要经尿排出。

在生理作用方面，水溶性维生素的作用主要与能量代谢有关。缺乏症很难与其本身的功能相联系，多数情况下不具有典型的症状。B族维生素缺乏的普遍症状是皮炎、毛发粗糙和生长受阻。而过量的水溶性维生素一般不会引起中毒。

二、脂溶性维生素

（一）维生素A

1.来源

犬猫饲粮中的维生素A主要来源于动物肝脏。鱼类肝脏中含量最高，鱼卵、乳脂、肉类和蛋黄等也含有丰富的维生素A。

2.生理功能

（1）维持正常视觉。视紫红质存在于犬猫视网膜内的杆状细胞中，是由视蛋白与视黄醛结合成的一种感光物质。犬猫缺乏维生素A时，不能合成足够的视紫红质，从而导致夜盲。

（2）保护上皮组织完整。维生素A不足时，黏多糖合成受阻，引起上皮组织干燥和过度角质化，使上皮组织易受感染，尤其是对眼睛、呼吸道、消化道、泌尿及生殖器官的影响最为明显。

（3）促进性激素形成。缺乏维生素A时，性激素分泌减少，繁殖力降低；睾丸及附睾退化。

（4）促进生长。维护骨骼的正常生长和修补，调节脂肪、碳水化合物及蛋白质的代谢。

（5）维持神经细胞的正常功能。维生素A缺乏时，骨骼发育不良，压迫中枢神经，导致神经系统机能障碍，如共济失调和肌痉挛等。

（6）维持细胞膜的稳定性，促进免疫球蛋白的合成，提高机体免疫力。

（二）维生素D

1.来源

犬猫饲粮中的维生素D主要来源于鱼肝油、鱼肉、肝、全脂奶、奶酪、蛋黄、黄油等。犬猫的皮肤上含有维生素D原（7-脱氢胆固醇），只要得到直接或反射的日光照射或人工紫外线辐射，7-脱氢胆固醇就可转化为维生素D_3。

2.生理功能

（1）1,25-二羟维生素D_3在肠细胞内促进钙结合蛋白的形成，并激活肠上皮细胞的钙、磷运输体系，增加钙、磷吸收；促使肾小管重吸收钙和磷酸盐。

（2）维生素D是促进骨正常钙化所必需的。

（3）1,25-二羟维生素D_3与甲状旁腺素一起维持血钙和血磷的正常水平。

（4）维生素D_3和动物肠黏膜细胞的分化有关，能促进肠道黏膜和绒毛的发育。

（三）维生素E

1.来源

维生素E在动物性饲料中含量极少，仅在蛋类中有一定含量。植物性饲料中，小麦胚油是维生素E的重要来源。

2.生理作用

（1）维生素E是非常有效的抗氧化剂。犬猫日粮和机体细胞脂质包含多不饱和脂肪酸（PUFA），PUFA很容易被氧化破坏，故需要在日粮中加入维生素E，达到抗氧化的目的。

（2）抑制脂类过氧化物的生成，终止体脂肪的过氧化过程，稳定不饱和脂肪酸，保护生物膜的完整性。在体内，维生素E能维持类胡萝卜素、维生素A及碳水化合物代谢中间产物的稳定性，从而减少维生素A的供应。

（3）促进性激素分泌，调节性腺发育和功能，改善生殖机能。

（4）促进促甲状腺激素和促肾上腺皮质激素的生成。

（5）调节碳水化合物和肌酸的代谢，提高糖和蛋白质的利用率。

（6）刺激合成辅酶Q，促进免疫球蛋白的生成，提高抗病力。

（7）对过氧化氢、黄曲霉毒素、亚硝基化合物和多氯联二苯具有抗毒和解毒作用，还具抗癌作用。

（8）调节细胞核代谢，维持细胞正常功能。

（9）维护肌肉正常功能，促使细胞复活，防止肝坏死和肌肉退化。

（四）维生素K

1.来源

维生素K在犬猫的肠道中可以合成，但不能满足犬猫的全部需求。犬猫的日粮中维生素K多来源于鱼粉、肝脏、蛋黄等。

2.生理作用

（1）参与肝脏凝血酶原的合成，维持正常血凝。

（2）利尿、强化肝脏解毒能力。

（3）降低血压。

（4）增加胃肠蠕动和分泌功能。

（5）预防细菌感染。

（6）维生素K是羧化酶的组成成分，在钙结合蛋白的形成过程中起羧化作用，所以与钙的代谢有关。

三、水溶性维生素

（一）维生素B$_1$

1. 来源

维生素B$_1$在自然界中分布广泛。蛋黄、肝、肾、瘦猪肉、蚕蛹、酒糟、酵母等动物性食物和饲料中维生素B$_1$含量丰富，但肉骨粉中含量很低。犬猫消化道的微生物能合成维生素B$_1$。

2. 生理功能

在体内经维生素B$_1$激酶催化，与ATP作用转化成硫胺素焦磷酸（TPP）。TPP是催化丙酮酸或α-酮戊二酸氧化脱羧反应的辅酶，所以又称为羧化辅酶。丙酮酸在丙酮酸脱氢酶系催化下，经脱羧、脱氢而生成乙酰辅酶A，进入三羧酸循环。因此，维生素B$_1$与糖代谢密切相关。

（二）维生素B$_2$

1. 来源

维生素B$_2$广泛存在于生物体中，一般动物性食品或饲料中含量较高，如肝、肾、心、乳品、鱼粉、肉粉、蛋、干酵母、真菌、蚕蛹粉和血粉等。

2. 生理作用

维生素B$_2$主要以辅酶黄素单核苷酸（FMN）和黄素腺嘌呤二核苷酸（FAD）的形式发挥作用，是各种黄素酶的组成成分，具有可逆的氧化还原特性，在生物氧化过程中起传递氢原子的作用。参与碳水化合物、蛋白质、核酸和脂肪的代谢。能够促进蛋白质沉积。可提高饲料利用率，保护皮肤。此外，维生素B$_2$还能强化肝脏功能，调节肾上腺素分泌，防止毒物侵袭，并影响视力。FMN和FAD在有些化学反应上与烟酸辅酶烟酰胺腺嘌呤二核苷酸（NAD$^+$，辅酶 I）和烟酰胺腺嘌呤二核苷酸磷酸（NADP$^+$，辅酶 II）密切相关。

（三）泛酸

1. 来源

所有动物性饲料中都含有泛酸，特别是乳制品、鱼粉、干酵母、蛋黄、牛肉及脑、肝中含量很丰富。犬猫消化道微生物能合成泛酸，但合成量无法满足需要。

2. 生理作用

泛酸是辅酶A的辅基，因此辅酶A的功能即泛酸的生理功能。泛酸在体内参与脂肪酸的合成与降解，柠檬酸循环，胆碱乙酰化，抗体合成。总之，泛酸可促进营养物质的吸收和利用。

（四）烟酸

1.来源

烟酸在自然界分布甚广，在鱼粉、饲用酵母、乳、肾、肝、肉骨粉、肉类等犬猫日粮中含量丰富。犬猫消化道细菌能合成部分烟酸，且还可将色氨酸转化成烟酸。

2.生理作用

烟酸在体内很容易转化成有活性的烟酰胺，但须经过烟酸单核苷酸这个中间体。烟酰胺是辅酶Ⅰ和辅酶Ⅱ的组成成分，参与碳水化合物、脂肪、蛋白质等供能代谢反应中氢和电子的传递。

（五）维生素B$_6$

1.来源

肝脏、牛乳、卵白、鱼粉、蜂乳（王浆）、瘦肉及肉的副产品中含量较高。犬猫消化道微生物能合成维生素B$_6$。

2.生理作用

参加代谢作用的主要是磷酸吡哆醛和磷酸吡哆胺。主要作用：①转氨基作用；②脱羧作用；③脱氨基作用；④转硫作用；⑤色氨酸转变成烟酸；⑥维持肝中辅酶A的正常水平，参与亚油酸转变为花生四烯酸的反应和降低血清胆固醇；⑦参与卟啉合成，与红细胞形成有关；⑧与许多激素的形成有关。这些酶促反应几乎发生在所有器官中，尤其是在肝脏、心脏和脑中反应最剧烈。

（六）生物素

1.来源

鱼、乳、肝、肾、蛋、肉等犬猫饲粮中含量丰富。动物性来源生物素的利用率较植物性来源的高。犬猫消化道细菌能合成生物素。

2.生理作用

在犬猫体内，生物素以辅酶形式直接或间接地参与蛋白质、脂肪和碳水化合物等的代谢过程。在脱羧、脱氨及某些羧基转换中起着作用。其主要作用：①作为羧化酶的辅酶在糖原异生中起重要作用；②参与氨基酸的降解与合成，以及蛋白质合成中嘌呤的形成；③参与长链脂肪酸的生物合成；④将丙酰CoA转化为甲基丙二酰CoA。

（七）叶酸

1.来源

叶酸主要存在于肝粉、脏器粉、肾、乳、鱼粉等犬猫日粮中。犬猫肠道微生物均能合成一定量的叶酸。

2. 生理作用

四氢叶酸是传递一碳单位（如甲酰基、亚氨甲基、亚甲基或甲基）的辅酶。主要作用：①使丝氨酸和甘氨酸相互转化；②使苯丙氨酸形成酪氨酸，丝氨酸形成谷氨酸，高半胱氨酸形成蛋氨酸，乙醇胺合成胆碱；③使烟酰胺转化成 N-甲基烟酰胺从尿中排出；④在 DNA 和 RNA 形成过程中，参与嘌呤环的合成；⑤与维生素 B_{12} 和维生素 C 共同参与红细胞和血红蛋白的生成；⑥保护肝脏并具解毒作用等。

（八）维生素 B_{12}

1. 来源

肝、动物粪便的发酵产物、鸡舍垫草、鱼粉、抗生素药渣、肉粉、蛋、乳等是犬猫维生素 B_{12} 的主要来源。犬猫肠道细菌能合成维生素 B_{12}，但其常随粪便排出体外，利用率差。

2. 生理作用

维生素 B_{12} 在动物体内必须转变成辅酶的活性形式才能发挥其生理作用，一种辅酶是辅酶维生素 B_{12}（腺苷钴胺素），另一种是甲基维生素 B_{12}（甲基钴胺素）。它们是几个重要酶系（如变位酶、脱氢酶和蛋氨酸生物合成中的一些酶）的辅酶。主要作用：①参与碳水化合物、脂肪和蛋白质的代谢；② 参与一碳单位代谢，如丝氨酸和甘氨酸的互变，高半胱氨酸形成蛋氨酸（在这个过程中，维生素 B_{12} 与叶酸密切相关，维生素 B_{12} 的缺乏会继而引起叶酸缺乏，蛋氨酸可缓解其症状），从乙醇胺形成胆碱；③维生素 B_{12} 辅酶参与髓磷脂的合成，在维护神经组织方面起重要作用；④合成血红蛋白，控制恶性贫血。

（九）维生素 C

1. 来源

犬猫日粮中维生素 C 含量较少，如肉类、鱼类、乳类等含量均不高。主要为植物性来源。

2. 生理作用

（1）一种活性很强的还原剂，既可作为供氢体，又可作为受氢体，在氧化还原反应过程中发挥作用；能使巯基酶分子中的巯基处于还原状态，从而使这些酶具有催化活性；在谷胱甘肽还原酶催化下，维生素 C 可将氧化型谷胱甘肽还原为还原型谷胱甘肽，防止不饱和脂肪酸被氧化，或使过氧化脂还原，消除其对组织细胞的破坏作用；维生素 C 在红细胞中可直接将高铁血红蛋白还原为血红蛋白；维生素 C 和 ATP 与铁共同形成一种活性复合物，将难吸收的三价铁还原成易于吸收的二价铁，从而提高了铁的吸收和利用率；维生素 C 作为电子供体，参与叶酸氢化为四氢叶酸的反应。

（2）脯氨酸羟化酶的辅酶，使脯氨酸精化成精脯氨酸；促进胶原蛋白的合成，有助于骨、结缔组织、软骨、牙齿和皮肤等细胞间质的形成；强化毛细血管的通透性。维生素C还可促进胆固醇硫酸化，生成胆固醇硫酸酯，从肠道排出；可使苯丙氨酸转变成酪氨酸，色氨酸转变成5-羟色胺等。

（3）改善心肌功能，减轻维生素A、维生素E、维生素B_{12}及泛酸等不足引起的缺乏症，增强动物的抗应激能力。此外还有利尿、降压等作用。

第七节

矿 物 质

动物体内有一类无机营养物质，即矿物质（图4-7）。矿物质具有重要的生理作用，是组成骨骼和体内一些活性物质的成分。缺乏某种矿物质，将造成动物生产性能下降，严重时出现缺乏症。现已发现动物体组织中含有60种以上的矿物质，但确定有营养作用的矿物质是26种。各种动物的矿物质营养有共同之处，也有一定的差异。认识和满足动物对矿物质的需要，将有利于犬猫的正常生长和生产。

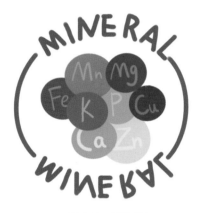

图4-7 矿物质

一、矿物质的分类

（一）必需矿物质和非必需矿物质

动物体内存在的矿物质并不都有生理作用。在动物生理和代谢过程中有明确的功能，必须由饲料提供，供给不足则产生特有缺乏症，及时补充则症状减轻或消失的矿物质称为必需矿物质。例如，钙、磷、镁参与犬猫骨和牙齿的组成；铁是组成血红蛋白的成分；锌、锰、铜、硒构成酶的活性中心；碘是甲状腺素的组成成分；钠、钾、氯等以离子形式维持体液和细胞内外的渗透压及酸碱平衡；钙、镁、钠、钾和氢离子维持神经肌肉的兴奋性。若这些必需矿物质缺乏，将影响犬猫的生长发育，轻则引起矿物质体内代谢异常和生化指标改变，重则表现出明显的疾病症状。在补饲相应的矿物质后，这种缺乏症会减轻；短期缺乏和及时补饲可以治愈缺乏症。

在动物体内可以发现其他许多矿物质，如铝、镉、砷、铅、锂、镍、钒、锡、溴、铯、汞、铍、钡、铊、钇等。到目前为止，还没有发现这些矿物质确切的生理作用，有些元素在犬猫体内还有毒性。例如，铍、砷、铝可致癌；一些重金属元素砷、铅、汞、铝、铊可引起蛋白质变性而出现多种病变。还有一部分矿物质，微量存在于动物体内，一般不引起有害反应，但又没有明确的生理功能，称其为惰性元素。毒性元素和非毒性元素并没有严格的界线。任何元素，尽管为生命所必需，但过量时都会引起毒性反应。例如，铜、钴、硒、锰、氟都是必需元素，如果过量，常会引起中毒。因此，制定各种元素在犬猫饲粮和饮水中的含量标准是极其重要的工作。

（二）常量元素和微量元素

犬猫组织及饲粮含有的无机元素，其浓度或含量差异很大。其中7种无机元素含量较高，它们占动物体重的0.01%以上，这些元素被称为常量元素。例如钙、镁、钾、钠、磷、氯、硫。其中钙、磷是犬猫机体内含量最多的常量元素，为骨骼和牙齿发育所必需。

另有一些无机元素含量较低，它们仅占动物体重的0.01%以下，这些元素被称为微量元素。例如，铁、铜、锌、锰、碘、硒、钴7种元素。钼、氟、铬、砷在动物体内也具有生理作用，也应算作必需微量元素。还有钼、氟、硼、铝、钒、镍、锡、铅、锂、溴、锶等在天然生长的植物中含量较高，没有出现过缺乏，在动物的饲粮中也从未添加过。

二、常量元素

（一）钙和磷

1.在犬猫体内的分布

钙、磷是动物体内含量最高的两种矿物质，几乎占矿物质总量的65%～70%。

（1）钙。钙占犬猫体重的1%～2%。约99%的钙和氢氧化钙复合盐类以羟基磷灰石的形式存在于骨骼和牙齿中，其余的钙分布于血液、淋巴液、唾液、消化液和软组织中。血浆中的钙大约50%呈游离的离子状态，45%与蛋白质结合，其余结合成盐类。

（2）磷。磷占犬猫体重的0.7%～1.1%。其中80%的磷存在于骨骼和牙齿中，其余的磷存在于软组织和体液中。主要作为磷蛋白、核酸和磷脂的构成成分而发挥作用。

2.来源

（1）钙。犬猫日粮如乳、鱼粉、肉骨粉等一般含钙量较为丰富。

（2）磷。植物性饲料如谷物和糠麸等含磷量较为丰富，但植酸磷含量较高，而犬猫对植酸磷利用率偏低。饲粮中添加植酸酶可以提高植物性来源的磷利用率，减少矿物性磷酸盐的添加，有利于资源利用和环境保护。犬猫饲粮中缺磷时，可用骨粉或脱氟磷酸盐如磷酸一钙、磷酸二钙和磷酸钙等补饲。给犬猫添加磷补充料时，要考虑钙磷比例，犬猫适宜钙磷比随生长期和繁殖期而变化。美国饲料管理协会（AAFCO）规定了犬粮的钙磷比下限为1∶1，上限为2∶1。我国的国家标准《全价宠物食品　犬粮》（GB/T 31216—2014）和《全价宠物食品　猫粮》（GB/T 31217—2014）规定：幼犬猫、妊娠犬猫、哺乳犬猫钙占总干基比例为＞1%，总磷＞0.8%；成犬猫钙占总干基比例为＞0.6%，总磷＞0.5%，并没有规定钙磷比。

3.生理功能

（1）钙。

①降低毛细血管壁及细胞膜的通透性及神经肌肉的兴奋性。骨骼细胞中的钙离子直接来自储钙的细胞器，神经细胞从细胞外液获得钙离子。钙在细胞信号传导中的最终作用是肌肉收缩、激素分泌及吞噬作用。

②参与血液凝结，激活促凝血酶原激酶和凝血酶原。

③是体内许多酶的激活剂，如胰α-淀粉酶、胰蛋白酶、胰磷脂酶A、磷酸化酶等。

④作为第二信使控制细胞对信号的反应。细胞质中钙离子的增加引发不同细胞对不同信号的反应，如肌肉细胞对神经传导产生反应，肾上腺髓质对神经冲动的反应等。

（2）磷。

①磷除了在骨骼和牙齿中含量较多外，还以有机磷的形式存在于细胞核和肌肉中，如是遗传物质DNA、RNA的构成成分；核蛋白、核酸和磷脂中均含有磷。

②磷参与构成ATP、磷酸肌酸等供能、储能物质，从而参与体内能量代谢；碳水化合物、脂类和蛋白质在代谢中形成许多含磷的中间产物。

③在细胞膜结构中，磷脂是生物膜不可缺少的成分。磷是许多辅酶如磷酸吡哆醛、辅酶Ⅰ、辅酶Ⅱ等的组成成分。

④磷酸盐是体内重要的缓冲物质，参与维持体液的酸碱平衡。

犬猫体内钙和磷的代谢是相互联系的，本质上受同一生理和生化机制的调节。控制和协调钙、磷代谢的最重要因素包括甲状旁腺激素、降钙素和维生素D，还有性激素、生长激素等。

（二）镁

1.在犬猫体内的分布

镁约占犬猫体重的0.05%。体内60%～70%的镁以磷酸盐和碳酸盐形式参与骨骼和牙齿的构成，有25%～40%的镁与蛋白质结合成络合物，存在于软组织中。镁是细胞内液的主要阳离子，浓集于线粒体中，对保持许多酶系统，尤其是与氧化磷酸化有关的酶系的活性至关重要。细胞外液中镁的浓度较细胞内液低。细胞内的矿物质，除钾外，镁的含量最高。

2.来源

镁普遍存在于各种饲料中。

3.生理功能

（1）参与骨骼和牙齿组成。

（2）作为酶的活化因子或直接参与酶组成，如磷酸酶、氧化酶、激酶、肽酶和精氨酸酶等。

（3）在碳水化合物和蛋白质代谢中起到重要作用。

（4）参与DNA、RNA和蛋白质合成。

（5）调节神经肌肉兴奋性，保证神经肌肉的正常功能。

（6）参与促使ATP高能键断裂，释放能量以便肌肉收缩运动。

（三）钾、钠、氯

1.在犬猫体内的分布

钾、钠、氯这三种元素主要分布于动物体液和软组织中，分别占体重的0.17%、0.13%、0.11%。动物体内88%的钾分布在细胞内液和各器官组织中，钾的含量以肾、肝中为最高，皮肤和骨骼中最少；钠总量的60%分布于细胞外液；氯在细胞内外均有分布。氯元素在血液中占阴离子总量的2/3。钾、钠、氯在动物体内能维持体液的酸碱平衡及维持正常的渗透压等。

2.来源

（1）钠。食盐是补充氯化钠的最好来源，但犬食物中食盐的含量超过1.5%时，犬的健康就会受到严重危害。

（2）钾。犬猫饲粮中的钾主要来源于天然原料（如肉类、内脏、蛋类）、植物性成分（如谷物、豆类、蔬菜和水果）、矿物补充剂（如氯化钾和硫酸钾），以及其他补充来源（如藻类和海藻）。

（3）氯。犬猫的日粮中，鱼粉和肉粉即可提供足量的氯。

3.生理功能

（1）钾。钾与钠、氯及重碳酸盐离子一起，对调节体液渗透压和保持细胞容量起着重要作用。钾还是维持神经和肌肉兴奋性不可缺少的元素。此外，它还参与机体的碳水化合物代谢。

（2）钠。钠在保持体液的酸碱平衡和渗透压方面起重要作用。此外，钠和其他离子协同参与维持肌肉神经的正常兴奋性。

（3）氯。氯与钠、钾共同维持体液的酸碱平衡和调节渗透压。氯还以盐酸及盐酸盐的形式作为胃液的构成成分。此外，氯还可与唾液中α-淀粉酶形成复合物，从而增进α-淀粉酶的活性。

（四）硫

1.在犬猫体内的分布

犬猫体内含硫0.15%～0.2%。主要存在于含硫氨基酸（胱氨酸、半胱氨酸和蛋氨酸）、含硫维生素（维生素B_1和生物素）及激素（胰岛素）中，仅有少量的硫呈无机态。犬猫被毛、角、爪中含硫量丰富，家禽和羊的被毛中含硫3%～5%。在毛纤维的角蛋白中，硫以二硫键的形式存在。

2.来源

蛋白质是动物机体内硫的主要来源，鱼粉、肉粉、血粉等含硫量可达0.35%～0.85%。

3.生理功能

硫主要是通过上述氨基酸、维生素和激素而体现其生理功能。硫通过间接地参与蛋白质合成和脂肪及碳水化合物代谢，完成各种含硫生物活性物质在体内的生理生化过程。犬猫还能够利用无机硫合成黏多糖，黏多糖是结缔组织的重要成分。

三、微量元素

（一）铁

1.在犬猫体内的分布

犬猫体内的铁含量通常在30～70mg/kg，平均为40 mg/kg。随宠物种类、年龄、性别、健康状况、营养水平等不同，会有所差异。成年宠物种类间体内含铁量差异不明显。体内的铁有60%～70%存在于血红素中，20%左右的铁与蛋白质结合形成铁蛋白，存在于肝脏、脾脏及其他组织中，0.1%～0.4%分布在细胞色素中，约1%存在于转运载体化合物和酶系统中。

2.来源

犬猫饲粮中除乳制品含铁较少外，鱼粉、血粉中含铁量很丰富（410～530mg/kg）。缺铁时，可用含铁化合物进行补饲，如赖氨酸螯合铁、氯化亚铁、硫酸亚铁、柠檬酸铁、葡萄糖酸铁及酒石酸铁等。上述铁盐的利用率均较好，幼犬猫均能够良好地吸收和利用。

3.生理功能

（1）运输作用。铁主要用于合成血红蛋白、肌红蛋白，而这两种蛋白质中的铁作为氧的载体，能够保证血液和肌肉组织氧和二氧化碳的正常输送。

（2）酶的成分。铁是许多种酶（细胞色素酶、过氧化物酶、黄嘌呤氧化酶和过氧化氢酶等）的成分，与机体内细胞生物氧化、电子传递及能量释放有密切关系。铁还是碳水化合物代谢中各种酶的活化因子。

（3）防御疾病。乳铁蛋白具有离子转运、广谱抗菌、抗病毒和黏膜免疫系统激发作用，以及在消化道促进双歧杆菌生长的作用。

（二）铜

1.在犬猫体内的分布

犬猫体内平均含铜 2～3mg/kg。肝、脑、心、肾、眼的色素沉着部位及毛发单位含铜量最高；胰腺、脾腺、肌肉、皮肤和骨骼含量次之；甲状腺、垂体、前列腺和胸腺含量最低。铜的含量在不同种动物和同种动物的不同年龄中相差悬殊，如幼犬体内就比成年犬含有较多的铜。血液中的铜约有90%是通过α-球蛋白及血浆铜蓝蛋白的形式运送的。

2.来源

犬猫对铜的吸收率极低，一般为5%～10%，以扩散的方式吸收。由于犬猫对铜的需要十分有限，在一般情况下很少会发生铜的缺乏。常用的铜源有硫酸铜、氯化铜和碳酸铜。

3.生理功能

（1）促进红细胞形成。铜在血红素的合成和红细胞的成熟过程中起着重要作用，因为铜可以维持铁的正常代谢，有利于铁的吸收以及从网状内皮系统和肝细胞中释放进入血液。

（2）酶的成分。铜是许多种酶，如超氧化物歧化酶、赖氨酰氧化酶、酪氨酸酶、尿酸氧化酶、铁氧化酶、铜胺氧化酶、细胞色素c氧化酶和铜蓝蛋白等的构成成分，在体内色素沉着、神经传递及糖类和蛋白质、氨基酸代谢方面发挥重要作用。铜有促进胰脂肪酶活性的作用。

（3）参与胶原蛋白和弹性蛋白的合成和交联，有助于维持骨骼的韧性和弹性。

（三）锌

1.在犬猫体内的分布

动物体内平均含锌10～100mg/kg。广泛分布于动物的各组织中。以单位重量新鲜组织计算，虹膜、脉络膜、前列腺、骨骼中含锌量最高；肝、肾、胰、肌肉中含锌量也较多。骨骼肌中含锌量占体内总含锌量的50%～60%，骨骼中约含锌30%。锌在体内的组织分布大体上和与锌有关的酶系分布一致，如骨组织中锌含量高，骨中碱性磷酸酶含量亦多；红细胞中的锌绝大部分存在于碳酸酐酶中，该酶分子中含有0.33%的锌。

2.来源

犬猫的各种饲粮一般均含有一定量的锌。但犬猫对饲粮中的锌吸收率较低，只有7%～15%。当饲粮含锌不足时，可用含锌化合物（硫酸锌、氧化锌、蛋氨酸锌等）

补饲。

3.生理功能

（1）许多种酶的组成成分和激活剂。已知锌参与犬猫体内300多种金属酶和功能蛋白的构成，如含铜与锌超氧化物歧化酶（Cu，Zn-SOD）、碳酸酐酶、醇脱氢酶、羧肽酶、碱性磷酸酶、DNA聚合酶和RNA聚合酶等。许多酶需要有锌存在才能被激活并达到最大活性。同时锌可维持某些酶有机分子配位基的构型并在酶反应时起辅酶作用。

（2）胰岛素的组成成分。胰岛素是由两个多肽组成的含锌蛋白，锌具有稳定胰岛素分子结构的作用，避免胰岛素受胰岛素酶的降解，并参与体内碳水化合物代谢。

（3）对基因表达、细胞分化起调节作用。半胱氨酸配位体基因上很容易束缚锌离子，而该种基因通常存在于核膜蛋白、转录因子及与基因控制有关的蛋白质中，因此锌对基因表达、细胞增殖和分化可以起到调节作用。

（4）维持动物免疫系统的完整性。锌可以维持动物胸腺、脾脏的T细胞依赖区的正常功能，并诱导B细胞分泌免疫球蛋白。另外锌作为胸腺素的成分，可以调节细胞介导免疫。

（5）参与前列腺素的主动分泌过程，对睾酮和肾上腺皮质类固醇的生成和分泌具有调节作用。

（6）参与抗氧化酶的组成。可阻止过氧化物对生物膜的氧化损伤，从而维持生物膜的正常结构和功能。

（7）参与维持上皮细胞的正常形态和被毛的健康生长。

（四）锰

1.在犬猫体内的分布

犬猫体内锰的含量相对较少，为0.2～0.3mg/kg。体内25%的锰存在于骨中，其他组织如肝、肾、胰腺中锰含量相对较高，肌肉中含锰量较低。一般情况下，肝中的锰含量比较稳定，而骨骼、被毛中的锰含量则受食入饲粮锰含量的影响。

2.来源

犬猫饲粮中含锰较少。饲粮中过量的铁、铜、锌、钙和磷抑制锰的吸收；有机酸、氨基酸、小肽和单糖有利于锰的吸收。为了补充饲粮中锰的不足，可以在饲粮中添加无机锰化合物，如硫酸锰、碳酸锰、氯化锰及氧化锰，或锰的螯合物如蛋氨酸锰等。

3.生理功能

（1）参与碳水化合物及脂肪代谢。锰参与活化三羧酸循环及三磷酸腺苷转变为二磷酸腺苷过程中的多种酶，是金属酶和丙酮酸羧化酶的成分，是机体内碳水化合物和脂肪代谢的正常进行及葡萄糖的利用所必需的物质。

（2）是体内许多酶的激活剂。锰为超氧化物歧化酶所必需。此酶催化过氧化脂转化为过氧化氢，最终还原成水，保护细胞膜免受氧化损坏。

（3）维持骨骼的正常生长。锰是骨骼有机基质形成过程中所必需的两种重要酶即多糖聚合酶和半乳糖转移酶的激活剂。缺锰时，这两种酶的活性降低而影响骨骼的正常形成。

（4）与动物的正常繁殖有关。锰是二羧甲戊酸激酶的成分，是催化胆固醇合成所不可缺少的因素。故缺锰时，胆固醇生物合成减少。胆固醇为性激素的前体，缺锰会引起性激素合成和分泌不足，影响正常的繁殖功能。

（5）可能与核糖核酸、脱氧核糖核酸和蛋白质的生物合成有关。

（五）硒

1.在犬猫体内的分布

犬猫体内含硒0.2 ～ 0.25mg/kg。硒存在于所有体细胞中，肌肉中的硒占体内总硒量的50%～ 52%，皮肤、毛中含硒量为14%～ 15%，骨骼中含硒量为10%，肝中含硒量为8%，其他组织为15%～ 18%。在各组织中，肾和肝的硒浓度最高。饲粮中硒水平与组织中硒含量呈高度正相关。硒在体内一般与蛋白质结合而存在。当喂给动物的硒达到中毒量5 ～ 10mg/kg时，肝和肾内的含硒量可高达 5 ～ 7mg/kg。

2.来源

犬猫通常不会出现缺硒的情况。补硒的方式：可在饮水中加入适量比例的亚硒酸钠。

3.生理功能

（1）抗氧化作用。以谷胱甘肽过氧化物酶（GSH-Px）形式发挥抗氧化作用。GSH-Px由含硒的4个蛋白质构成，对过氧化物具有较强的还原作用，可以防止细胞膜的脂质结构遭到氧化破坏，对细胞正常功能起保护作用。

（2）硒与腺体组织的关系。T4转变成T3需要5-脱碘酶，它是一种含硒酶。它激活甲状腺激素，从而保证动物的正常生长发育。此外，硒促进胰腺组织的发育，保证胰腺分泌功能的发挥。

（3）维持正常的繁殖功能。硒与动物的繁殖密切相关，尤其是对雄性繁殖更为重要。因为硒能保证睾酮激素的正常分泌，同时硒的活性与采精量之间存在高度相关性。

（4）硒与动物的免疫功能。通过其抗氧化作用和影响细胞色素的合成，对动物的免疫功能产生积极影响，同时参与细胞的能量代谢。

（六）碘

1.在犬猫体内的分布

动物体中含碘量达0.2～0.3mg/kg。主要集中于甲状腺内，小部分分布在体液和各组织中。甲状腺素是一种含4个原子碘的结合球蛋白。甲状腺素含65%的碘，以甲状腺原的形式储存于甲状腺体内，必要时放出甲状腺素。如当犬猫处于应激状态（如害怕、紧张或遭遇威胁）时，下丘脑会分泌促甲状腺释放激素（TRH），刺激脑垂体释放促甲状腺激素（TSH），进而促使甲状腺释放甲状腺素以增加新陈代谢应对应激。在寒冷的环境中，犬猫的身体需要增加代谢以维持体温，甲状腺会增加甲状腺素的释放量，以帮助身体提高基础代谢率和产生更多热量。

2.来源

犬猫所需要的碘主要从饲粮和饮水中摄取。碘酸钾等碘盐形式存在的碘吸收率特别高，有机形式的碘吸收率也高。

3.生理功能

碘的主要功能是构成甲状腺素。甲状腺素是调节机体新陈代谢的重要物质，它可以促进生物氧化过程，并使氧化与磷酸化过程相互协调，对于动物体的健康、生长和繁殖均有着重要作用。甲状腺素与某些特殊蛋白质（角蛋白）的代谢、与胡萝卜素转变为维生素A的过程有一定关系。

（七）钴

1.在犬猫体内的分布

钴在动物体内含量极少，其中40%左右储存于肌肉中，14%储存于骨骼中，其余则分布在其他组织中。在动物肝中，大多数钴以维生素B_{12}的形式存在。

2.来源

犬猫饲粮中钴含量一般在0.06～0.09mg/kg。饲粮中的钴消化率较低，约有20%可被吸收。补钴最为简便的方法是使用钴化食盐。

3.生理功能

（1）钴在体内的主要生物学功能是参与维生素B_{12}的合成。在肝脏中维生素B_{12}参与一碳代谢。

（2）钴可激活磷酸葡萄糖变位酶、精氨酸酶、碱性磷酸酶、碳酸酐酶、醛缩酶、脱氧核糖核酸酶等。

（八）钼

1.在犬猫体内的分布

犬猫机体钼的含量平均为 $1 \sim 4mg/kg$。体内 $60\% \sim 70\%$ 的钼在骨骼；皮肤 10%；被毛和肌肉各占 $5\% \sim 6\%$；肝脏较少，2%。血液中钼主要存在红细胞内；在血浆中则主要以铜-钼蛋白形式存在。

2.生理功能

（1）钼是黄嘌呤氧化酶或脱氢酶、醛氧化酶、亚硫酸盐氧化酶等的组成成分，参加犬猫体内氧化还原反应。

（2）参与体内铁代谢，促进肝脏铁蛋白释放铁元素，进入血浆。

（九）氟

1.在犬猫体内的分布

动物体正常含量为 $0.02 \sim 0.05mg/kg$。氟遍布于犬猫机体的各组织中，骨的含量最多，其次是毛发、牙齿。游离的氟在自然界里很少见，多形成氟化物。微量的氟是保证牙齿和骨骼正常生长及身体健康所必需的。

2.生理功能

氟是动物必需的微量元素。适量的氟可以促进钙磷代谢，促进牙釉质形成以及促进骨组织生长。但如果摄入过多，也可能导致氟中毒。

（十）铬

1.在犬猫体内的分布

动物体内铬的含量在 $0.1 \sim 1.0mg/kg$。动物体内铬元素的特点是浓度很低，但分布广，如肝 $0.6mg/kg$，肾 $0.18mg/kg$，肌肉 $0.11mg/kg$，脾 $0.48mg/kg$。铬的集中分布不明显。随年龄增加，动物体内铬含量减少。

2.生理功能

铬在化合物中可呈二价、三价或六价，其中三价铬具有生理活性，为哺乳动物正常代谢所必需。

（1）增强胰岛素的功能。铬是体内葡萄糖耐受因子的重要组成成分，协同胰岛素参与机体的碳水化合物代谢。

（2）调节蛋白质代谢，促进氨基酸进入细胞从而促进蛋白质的合成，有利于肌肉和其他组织蛋白质的沉积。

（3）参与脂类代谢和核酸代谢。

（十一）砷

1.在犬猫体内的分布

无机砷吸收后直接在肝中甲基化代谢成有机砷，皮肤、毛发和指甲中砷的含量较高，肌肉中含量较少。

2.生理功能

砷主要作为犬猫体内许多酶的激活剂或抑制剂而影响酶的活性。它能增进机体造血功能，促进精氨酸代谢从而促进蛋白质合成，促进组织细胞生长和增殖。砷在消化道内有抑制细菌繁殖的作用。此外，砷还是动物保持正常繁殖机能所必需的元素。

第五章

伴侣动物营养与健康

犬猫的营养需要

能 量 的 需 要

犬猫作为人们重要的伴侣动物，其健康和长寿离不开合理的营养。不同于人类，犬猫的营养需求有其特殊性，因它们的食肉属性决定了蛋白质和特定脂肪酸在其饮食中的重要地位。此外，不同的生命阶段，如幼年、成年和老年，以及特殊生理状态，如妊娠和哺乳，都会对营养需求产生影响。理解犬猫的基本营养需求，不仅能帮助宠物主人科学地为宠物提供膳食，还能有效预防营养不良或肥胖等问题，提高伴侣动物的生活质量与幸福感。

一、能量的评估体系

1.能量利用率

食物中的总能（GE）可以看作是食物完全燃烧后释放的所有热量。我们可以通过食物中的化学成分来预测燃烧释放的能量。脂肪是宠物食品中重要的能量来源，其燃烧时释放的热量随着脂肪链的长度增加而增加，但如果脂肪是不饱和的，热量会有所减少。有机物中的脂肪燃烧时的热量为 36.40 ～ 39.75kJ/g，而宠物食品的适宜脂肪燃烧热为 39.33kJ/g。因为宠物食品中的脂肪链比较长，而且部分脂肪是不饱和的，因此，其总能应处于这个燃烧热范围的较高部分。

总能转化为维持、生长、繁殖或运动的净能需要经过三个步骤。第一步，饲料在动物体内经过消化后释放能量，即消化能（DE）；第二步，消化能在动物体内进一步转化为生物体可以利用的能量，即代谢能（ME），也就是从消化能中减去尿液和发酵气体中损失的能量；第三步，代谢能转化为净能（NE），即动物最终实际用于维持生命活动和生产的能量。代谢能量（ME）转化为净能（NE）的比例被称为能量利用率。

图 5-1　能量利用

2.能量的测定

消化能（DE）和代谢能（ME）通常通过动物实验测定。对于犬猫，气体发酵的能量损失不大，因此主要测定粪便和尿液来估算代谢能量。一种简便的方法是结合实验数据和方程，通过消化蛋白质来预测尿液中的能量损失。每克可消化蛋白质中，对于犬需要减去5.23kJ，猫则需要减去3.77kJ。

3.食物生热效应和静息代谢率

宠物在进食、消化和吸收过程中都会消耗能量，并产生热量，因此静息代谢率（RMR）通常高于基础代谢率（BMR），这种额外的热量产生被称为"食物的生热效应"（图5-2）。在一些特殊情况下，比如环境温度较低时，这些热量有助于维持体温。而在成年犬中，静息代谢率约比基础代谢率高出15%，在生长发育、怀孕或哺乳期，这一差异会更大。

4.能量含量预测方程

犬粮、猫粮代谢能的预测公式见表5-1、表5-2。为了计算宠物食品的能量，我们需要知道它们的总能（GE）、消化能（DE）和代谢能（ME）。这些步骤可以帮助我们更好地了解食物的能量如何被宠物吸收和利用。

图 5-2　食物生热效应

表5-1　犬粮代谢能的预测公式

应　用	公　式
未加工的或者人类的食物，如肉、动物下脚料、奶产品、煮熟的淀粉食物；高消化的特殊产品，如奶替代品或者用于肠内营养的食物[a]	ME(J)=16 736×粗蛋白质含量+37 656×脂肪含量+16 736×NFE[c]含量
配制好的犬粮[b]	**第一步**：用氧弹式测热器测定总能或用下面的公式计算总能 GE(J)=（23 848.8×粗蛋白质含量）+（39 329.6×粗脂肪含量）+17 154.4×（NFE含量+粗纤维含量） **第二步**[d]： 能量消化率=[91.2-（1.43×干物质中粗纤维含量）]×100% **第三步**： DE(J)=GE×能量消化率 **第四步**： ME(J)=DE-（4 351.36×粗蛋白质含量） **示例**：食物组成为80%水分、7%粗蛋白质、4%粗脂肪、3%灰分、1%粗纤维和5% NFE **第一步**： GE=23 848.8×0.07+39 329.6×0.04+17 154.4×（0.01+0.05）=4 271.86 J **第二步**： 能量消化率=[91.2-（1.43×1/20×100）]×100%=84.05% **第三步**： DE=4 267.68×84.05%=3 585.46 J **第四步**： ME=3 598.24-（4 351.36×0.07）=3 293.64 J

注：a.这个公式仅适用于能量消化率大于90%的食物。这仅用于消化率很高的已制作好的犬粮，如奶替代品或者用于肠内营养的液体物，这些物质的消化率足够高。

b.不包括奶替代品或者用于肠内营养的液体物。如果粗纤维含量大于8%（干物质基础），可能不准确。

c.NFE为无氮浸出物，其含量计算公式为：NFE%=100%-（水分+灰分+粗蛋白+粗脂肪+粗纤维）%。

d.使用日粮总纤维时，可以选用下面的公式（美国分析化学学会）：能量消化率=[96.6-（0.95×干物质中日粮总纤维的含量）]×100%。

表5-2　猫粮代谢能的预测公式

应　用	公　式
未加工的或者人类的食物，如肉、动物下脚料、奶产品、煮熟的淀粉食物，高消化率的特殊产品，如奶替代品或者用于肠内营养的食物[a]	ME(J)=16 736×粗蛋白质含量+37 656×粗脂肪含量+16 736×NFE含量
配制好的猫粮[b]	**第一步**： 用氧弹式测热器测定总能或用下面的公式计算总能 GE(J)=（23 848.8×粗蛋白质含量）+（39 329.6×粗脂肪含量）+17 154.4×（NFE含量+粗纤维含量）

应　用	公　式
配制好的猫粮[b]	**第二步[c]：** 能量消化率=[87.9－（0.88×干物质中粗纤维含量）]×100% **第三步：** DE(J)=GE×能量消化率 **第四步：** ME(J)=DE－（3 221.68×粗蛋白质含量） **示例：** 食物组成为80%水分、7%粗蛋白质、4%粗脂肪、3%灰分、1%粗纤维和5% NFE **第一步：** GE=23 848.8×0.07+39 329.6×0.04+17 154.4×（0.01+0.05）= 4 271.864 J **第二步：** 能量消化率=[87.9－（0.88×1/20×100）]×100% =83.5% **第三步：** DE=4 271.864×83.5% =3 567.11 J **第四步：** ME=3 567.11－（3221.68×0.77）=3 340.58 J

注：a.这个公式仅对于能量消化率大于90%的食物有效。这仅用于消化率很高的配制好的猫粮，如奶替代品或者用于肠内营养的液体物，这些物质的消化率足够高。

b.不包括奶替代品或者用于肠内营养的液体物。

c.使用日粮总纤维时，可以选用下面的公式（美国分析化学学会）：能量消化率= [95.6－（0.89×干物质中日粮总纤维百分含量）]×100%。

二、犬的需要

维持能量需求（MER）是指宠物在较长时间内维持体重不变所需的能量，除了基础代谢外，还包括日常行为、适度运动和体温调节的能量需求。因此，当宠物的生活环境或活动量发生变化时，MER也会相应变化。对于犬来说，体型和体重的差异非常大，用体重直接预测能量需求并不准确，更好的方法是使用"代谢体重"，考虑到体表面积与体重之间的关系。值得注意的是，虽然不同品种和体型的犬看起来并不相似，但它们的代谢体重和能量需求之间存在着稳定的关系。

我们可以通过Kleiber公式估算出犬

图5-3　静卧中的犬

的基础代谢率（BMR），即在静息状态下维持生命所需的最低能量消耗。非常重要的一点是机体的瘦肉率不能通过体重来体现，而受到饲养、品种、年龄和活力的影响。脂肪组织的代谢活性比瘦肉组织低。因此，瘦肉组织百分数稍小的犬（如肥胖犬）按体重 BW 计算的能量需求会低于平均水平，具体公式为：

$$BMR=k \times BW^{0.75}$$

式中，BMR 表示基础代谢率，BW 表示犬的体重（kg），0.75 表示体重与能量消耗的关系，k 为每千克代谢体重代谢能的需要（kJ/kg）。其中，指数 0.75 被认为是描述犬体重与能量需求关系的最佳方式，这样可以更科学地估算犬的能量需求，确保它们获得足够的营养来保持健康和活力。

1.成年犬的维持需要

在日常饲养中，宠物主应根据犬的体重、品种、年龄和活动量来合理调整它们的饮食，以满足它们的能量需求。成年犬的维持能量需求（MER）是指它们在不增重或减重的情况下，维持正常生理活动所需的能量。维持能量需求取决于犬的代谢体重，常用的公式是：$MER = 552.3kJ \times BW^{0.75}$。对于年轻的成年犬，尤其是活力较高的品种，应提供足够的能量来支持它们的日常活动，因为它们的代谢速度更快，能量消耗也较高。而对于年纪较大的犬只，特别是大型犬，其能量需求会逐渐减少，主要是因为活动量下降和代谢减慢。因此，对于老年犬可以适当减少饮食量，以避免肥胖及其相关健康问题。此外，对于那些在室内生活、缺乏运动机会的犬只，其能量需求也会低于在外活动频繁的犬只。建议对这些犬只适当减少进食量或者增加活动量，以保持健康的体态。

饲养者需要根据犬的具体情况（如体型、生活环境和健康状况）定期调整饮食，确保犬只获得足够但不过量的能量，维持理想体重和良好的身体状态。科学的饮食管理不仅有助于维持成年犬的体重，还能延长其健康寿命，提升生活质量。表5-3是已报道的与品种、年龄、居所和活动相关的犬维持能量（代谢能）需要，可适当参考。

表5-3　已报道的与品种、年龄、居所和活动相关的犬维持能量（代谢能）需要

品种、年龄（岁）、居所、活动	平均值±2倍标准差 （Mean±2SD[a]）/ （kJ/kg BW[0.75]）	重复数（n）	资料来源
大型宠物犬	94±50		Patil 和 Bisby，2001
宠物犬	95±40	28	Wichert 等，1999
不活动的边境柯利牧羊犬	97±82	9	Burger，1994
年老的实验拉布拉多猎犬（9）	103±22	6	Finke，1991
年老的实验拉布拉多猎犬（>7）	104±32	14	Rainbird 和 Kienzle，1990
宠物犬	105（范围60～200）	48	Connor 等，2000
中年的实验组芬兰犬（3～7）	106±26	26	Rainbird 和 Kienzle，1990

品种、年龄（岁）、居所、活动	平均值±2倍标准差 （Mean±2SD[a]）/ （kJ/kg BW[0.75]）	重复数（n）	资料来源
年老的各品种实验犬（>8）	107±14	11	Taylor 等，1995
年老的实验比格犬（>10）	110±26	5	Finke，1994
中年的实验比格犬（3～10）	114±16	8	Finke，1994
中年的实验比格犬（4）	117±18	6	Finke，1991
中年的实验犬（3～7）	124±42	86	Rainbird 和 Kienzle，1990
中度运动的边境柯利牧羊犬	124±88	28	Burger，1994
年轻的各品种实验犬（<6）	129±10	12	Taylor 等，1995
年轻到中年的实验爱斯基摩犬（1～7）	132±20	5	Finke，1991
实验比格犬	132±40		Patil 和 Bisby，2001
生活在各种家庭中的中型宠物犬	133±52		Patil 和 Bisby，2001
实验拉布拉多猎犬	138±32		Patil 和 Bisby，2001
年轻的实验犬（1～2）	139±42	69	Rainbird 和 Kienzle，1990
年轻的实验比格犬（1～2）	144±28	6	Finke，1994
高度运动的宠物边境柯利牧羊犬	175±170	10	Burger，1994
实验㹴	183±48		Patil 和 Bisby，2001
大丹犬，室外犬舍、夏季	大约200	7	Zentek 和 Meyer，1992
大丹犬，室外犬舍、冬季	大约250	7	Zentek 和 Meyer，1992

注：a.95%分布在此范围内。BW[0.75]代谢体重，指用于标准化不同体型动物代谢率的体重函数。

2.妊娠的能量需要

母犬在妊娠期间的能量需求会显著增加，尤其是在妊娠中后期，这主要是为了支持胎儿的生长以及母犬自身的体质维持。在妊娠的早期（约前4周），母犬的能量需求与平时相差不大，但随着妊娠的进行，胎儿快速发育，胎盘形成，子宫和其他组织也快速生长，使得母犬在妊娠后期对能量的需求显著上升。妊娠期间，母犬增加的体重约有2/3来源于胎儿、胎盘和子宫内液体的重量，剩余部分则是水分和其他组织的增加。在妊娠28d后，母犬的体重会显著增加，这段时间内的额外能量需求主要用于支持胎儿的快速发育，而胎儿的大部分增重都发生在妊娠40d之后。在妊娠的中后期，母犬的能量维持需求（MER）逐渐增加，通常在妊娠后期需要达到平时维持能量的130%～160%，具体取决于母犬的体型和体重。例如，对于体重为5kg的小型犬，其妊娠期间的能量需求大约为平时的1.3倍，而对于体重为60kg的大型犬，这一需求可能高达平时的1.6倍。这是因为大型犬的胎儿相对较多且增长较快，对母犬的能量需求增加更加显著。因此，在妊娠中后期（特别是妊娠40d后），母犬需要额外的能量来确保胎儿的健康发育。需要特别注意的是，妊娠后期的母犬通常食欲会有所下降，这意味着在早期适当增加营养储备非常关键。此外，妊娠母犬的能量需求还受到多种因素的影响，包括体重、品种、活动量等。因此，饲养者在母犬妊娠期间应根据它们的具体情况提供足够的优质能量和营养，尤其在妊娠后期，确保母犬获得足够的营养以维持健康并支持胎儿的正常发育。

图5-4　妊娠

3.泌乳的能量需要

母犬通常会哺育幼犬至少6周（图5-5），哺育期内需要特别关注母犬的营养需求，因为泌乳对能量的需求非常高。幼犬在2.5周龄左右开始接受补食，最晚不能超过4周龄，因为在4周龄时，母犬的乳汁已经无法满足幼犬日益增加的营养需求。尽管4周龄时也可以进行断奶，但一般不推荐，因为过早断奶可能会对幼犬的行为发育产生负面影响，导致后续的行为问题。

母犬在泌乳期间需要大量的能量，因为它要通过乳汁提供幼犬所有的营养。这段时间内，母犬的能量需求大约是平时的1.5倍甚至更多。通常，母犬的乳汁能量含量约为6.07kJ/g，因此母犬每天需要大量的能量来维持产奶的过程。产奶量大概占母犬体重的8%，而且哺乳幼犬的数量越多，母犬的能量需求就越高。对于产下1～4只幼犬的母犬来说，每多一只幼犬，母犬的产奶量就需要增加体重的1%左右；产下5～8只幼犬时，增加的量相对减少，大约只占母犬体重的0.5%；当幼犬的数量超过8只时，母犬的产奶量增加已经非常有限，这也意味着每只幼犬分到的乳汁可能会减少。

泌乳期是母犬和幼犬发育的重要阶段，合理的能量供给可以确保母犬保持健康，并

图5-5　母犬哺育幼犬

给幼犬提供足够的营养支持。因此，饲养者应特别关注母犬和幼犬的饮食，适时调整食物的种类和供给量，帮助它们顺利度过泌乳期并保持健康。以下是关于泌乳期母犬和幼犬的喂养建议：①增加母犬的营养摄入：泌乳期母犬的能量需求比平时要高得多，建议使用专用的泌乳期母犬饲料，这种饲料能提供更多的能量和营养，帮助母犬保持健康并维持良好的乳汁供应。②引入幼犬辅食：从2.5～4周龄开始，母犬的乳汁已经不足以完全满足幼犬的需求，可以为幼犬提供一些易于消化的辅食，如幼犬专用奶糕或者湿粮，不仅可以补充营养，还能帮助幼犬逐步适应固体食物。③观察母犬和幼犬的健康状况：定期观察母犬和幼犬的体重和健康状况。如果母犬看起来很消瘦或乳汁不足，需要增加高质量食物的供给；如果幼犬不长体重或显得不够活跃，也需要增加营养补充。

4.生长的能量需要

刚出生的幼犬能量需求非常高，每100g体重需要大约104.6kJ的能量。这些能量主要通过母犬的乳汁获得。在幼犬2.5～4周龄，可以逐步为幼犬提供一些辅食，补充生长所需的营养。断奶后的幼犬处于快速生长阶段，能量需求是成年犬的两倍，此时需要多次小餐喂养，每次之间有合理的时间间隔（表5-4）。

图5-6　幼犬

随着幼犬的成长，能量需求会逐渐变化。达到成年体重的50%时，幼犬的能量需求会降低到原来的1.6倍；达到成年体重的80%时，能量需求进一步降低到成年犬的1.2倍。比如，如果成年犬每天需要的能量是500 kJ，那么达到成年体重50%的幼犬每天需要的能量大约是800kJ，达到成年体重80%的幼犬每天的需求就降到了600 kJ。这种能量需求的逐渐降低是为了适应生长速度的变化，确保幼犬的生长是健康的而不是过快的。对于大型犬和巨型犬来说，保持适度的生长速度尤为重要。快速生长可能会对它们的骨骼发育产生负面影响，增加骨骼和关节问题的风险。因此，对于这些犬只来说，适度生长比最大化生长更为重要，合理的能量供给可以帮助它们健康地发育。因此，饲养者需要根据幼犬的生长阶段合理地调整饮食和能量供给，以下是关于生长期幼犬的喂养建议：①提供高质量的幼犬粮：在幼犬的快速生长期，选择富含优质蛋白质、脂肪和维生素的高营养、高能量的幼犬专用粮尤为重要。②按阶段调整饮食量：随着幼犬的成长，逐步减少其饮食中的能量供给。例如，随着幼犬逐渐接近成年体重，可以减少一些额外的能量供给，避免它们长得太快，影响骨骼发育。③定期监测体重和健康：在幼犬成长过程中，定期监测体重非常重要，以确保它们以适当的速度成长。如果体重增长过快或过慢，都需要及时调整饮食和能量摄入。

表5-4 幼犬断奶后的每日代谢能需要量[a,b]

$ME(kJ) = 维持量 \times 3.2 \times [e^{(-0.87P)} - 0.1]$
$ME(kJ) = 554.920 \times BW_n^{0.75} \times 3.2 \times [e^{(-0.87P)} - 0.1]$
式中：
$P = BW_n / BW_m$
$BW_n =$ 评价时的实际体重(kg)
$BW_m =$ 成年后理想体重(kg)
$e \approx 2.718$，自然对数的底
举例：16周龄拉布拉多幼犬，体重17kg，成年理想体重为35kg。
$ME = 544.920 \times 17^{0.75} \times 3.2 \times [e^{(-0.87 \times 17 \div 35)} - 0.1] = 13\ 318.830\ 4\ kJ$

注：a.这个表格用于断奶后的幼犬。新生幼犬每100g体重需要104.600kJ的能量(kienzle 等，1985)。

b.不活跃幼犬（如作为宠物，没有训练的要求和机会）的能量维持需要量会低10%～20%；而非常活跃的幼犬，如犬舍中的大丹幼犬，数值会高一些。

引自NRC，2010。

三、猫的需要

家养猫的成年体重一般在2～7kg。猫的体重与能量需求之间并不是简单的线性关系，而是受到很多因素的影响。通常来说，体重较大的猫并不一定需要成比例更多的能量，因为它们体内的脂肪组织多，代谢活性低，而肌肉的代谢活性较高，因此同样体重的猫，肌肉多的猫能量需求更高。简单来说，重一点的猫并不需要多吃等比例的食物，因为它们的代谢率实际上比想象的要低。因此，肌肉较多的猫会需要更多的能量。对于肥胖的猫来说，由于脂肪的代谢活性较低，它们的能量需求实际上会低于同样体重但更健壮的猫。

猫的食物生热效应大约占代谢能的10%（图5-7），这和犬以及人的情况相似。不过，由于猫的饮食中蛋白质含量较高，而且猫喜欢少食多餐，因此它们的食物生热效应可能会稍高一些。也就是说，猫在消化和利用食物的过程中会消耗更多的能量，这一点特别重要，因为它会影响猫咪的整体能量需求。

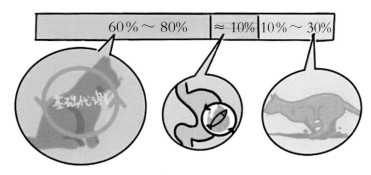

图5-7 每日所需能量占比

1.成年猫的维持需要

成年猫的维持代谢能需要量为每千克代谢体重418.4～543.9kJ（表5-5），但存在个体差异，且受到猫的体重、活动水平、体质（瘦肉与脂肪比例）以及其他因素的影响。

表5-5　成年猫每日维持代谢能需要量[a]

类型	代谢能需要量
家猫，瘦[b]	$418.400kJ \times BW^{0.67}$
家猫，超重[c]	$543.92kJ \times BW^{0.4}$
外来品种猫	$230.12 \sim 1\ 004.16kJ \times BW^{0.75}$

注：a.个体差异允许上下浮动50%。

b.体况评分≤ 5（9分评价标准）。

c.体况评分＞ 5（9分评价标准）。

引自NRC，2010。

对于绝育或去势后的猫来说，它们的整体能量需求通常比未绝育的猫要低。这是因为绝育或去势会影响猫的激素水平，导致它们的活动量降低，从而减少了对能量的需求。然而，研究发现，无论是否绝育，每千克瘦肉组织的能量消耗并没有显著差异。也就是说，绝育对猫整体的能量需求有影响，但对它们的瘦肉组织的代谢影响不大。不过，绝育后的猫往往会因为活动量减少和食欲增加而容易变胖。因此，饲养者需要注意调整绝育后猫咪的饮食和能量供给，避免肥胖问题的发生。合理控制饮食的数量和质量，并确保猫咪有足够的活动量，是保持猫咪健康的关键。以下是关于成年猫的喂养建议：①了解猫的能量需求：猫的能量需求受到体重、体质（如瘦肉与脂肪的比例）、绝育状态以及活动量的影响。因此，饲养者需要根据猫咪的具体情况合理调整饮食。②控制饮食和保持活动量：特别是对于绝育后的猫，能量需求会有所降低，因此需要减少食物的供给量并控制热量摄入。同时，保持猫咪的活动量可以帮助维持它们的体重和肌肉质量，减少肥胖的风险。③少食多餐：猫喜欢少食多餐，这也有助于减少每次进食后的大量能量堆积。因此，提供多次小份的食物，可以更符合猫的自然习性，有助于消化和保持健康的体重。

2.妊娠的能量需要

母猫在妊娠期间会经历显著的体重增加，通常增加40%～50%。特别是在妊娠的中后期，这时胎儿快速生长，母猫自身也在为哺乳做准备。为了满足妊娠期和之后哺乳期的需求，母猫需要摄入更多的高质量蛋白质和脂肪。通常在妊娠初期，母猫的饮食需求和正常时期相差不大，但从妊娠的后半期开始，母猫的能量需求会显著增加，需要逐步增加饮食量，以支持它们的健康和胎儿的正常发育。这一部分体重的增加不仅仅来自胚胎、胎盘和相关组织的增长，还有一个重要的部分是母猫自身的净体组织增加。以下是关于妊娠期母猫的喂养建议：①逐步增加食物摄入：在妊娠初期，母猫的食量可以保持正常，但在妊娠的后半期，建议逐步增加食物的供给量，特别是高蛋白和高脂肪的食物，这些成分对于胎儿的发育和母猫自身的体质维持非常重要。②选择高营养的猫粮：妊娠期母猫对营养的需求比平时更高，因此建议选择专为妊娠或哺乳期母猫设计的猫粮。这类猫粮通常富含蛋白质、脂肪、维生素和矿物质，可以帮助母猫和即将出生的小猫获得足够的营养。③体重监控：定期称重母猫，以确保其体重增长正常。如果体重增长过快或过慢，都可能需要调整饮食或咨询兽医。④自由采食：很多妊娠期母猫会自然增加进食量，因此可以考虑让它们自由采食（即随时有食物可吃），这样可以满足它们在妊娠后期的高能量需求。

图 5-8　妊娠母猫

3.泌乳的能量需要

母猫通常会哺育幼猫 7～9 周，这取决于幼猫的大小和发育速度。与母犬不同，母猫在哺乳期间的体重会有所下降，这种下降与食物摄入量无关，而是由于泌乳过程中需要大量的能量支持（图 5-9）。简单来说，母猫在妊娠期储备了一部分体重和能量，以便在哺乳期能够利用这些储备来产奶。在幼猫 2.5 周龄后，可以逐渐开始补充猫粮，而到第 4 周时，必须引入补饲，因为母猫的乳汁已不能完全满足幼猫快速生长的营养需求。在哺乳的每一周，我们可以根据窝中幼猫的数量来计算母猫乳汁中能量的损失，我们假设母猫用于产奶的能量需求可以通过将乳汁中的能量含量除以 60% 来估算，即：母猫产奶能量需求 = 奶中能量含量 / 60 × 100。除了产奶的能量需求之外，母猫在哺乳期间的基础维持能量需求也需要考虑进去。在哺育一窝幼猫期间，母猫往往会更加活跃，并且在哺乳期可能会逐渐变瘦。因此，对于哺乳期的母猫，我们建议使用瘦猫的维持能量需求公式，即：维持能量需求 = 418.4 kJ/kg × BW$^{0.67}$。其中，BW 表示母猫的体重（kg）。以下是关于泌乳期母猫的喂养建议：①提供高质量的猫粮：在哺乳期间，母猫对能量的需求非常高，因此建议使用专为哺乳期母猫设计的高质量猫粮。这些猫粮富含蛋白质、脂肪和其他营养成分，有助于母猫维持体力并为幼猫提供高质量的乳汁。②自由采食：哺乳期母猫的能量消耗巨大，因此建议让母猫自由采食（即随时有食物可吃），确保能够获得足够的能量支持。③监控母猫的体重和健康：监控母猫体重，如果母猫体重下降过快或者变得非常消瘦，建议增加饮食中的热量，并适当咨询兽医以获取进一步的帮助。

表 5-6　哺乳母猫的每日代谢能需要量

幼猫数/只	能量需要量
< 3	ME(J)= 维持量 +18 × BW × L
	ME(J)=418 400 × BW$^{0.67}$ +18 × BW × L
3 ~ 4	ME(J)= 维持量 +60 × BW × L
	ME(J)=418 400 × BW$^{0.67}$ +60 × BW × L
> 4	ME(J)= 维持量 +70 × BW × L
	ME(J)=418 400 × BW$^{0.67}$ +70 × BW × L

L= 哺乳期的 1 ~ 7 周,各阶段的因子分别为 0.9,0.9,1.2,1.2,1.1,1.0,0.8

举例: 雌性家猫,体重 3.5kg（发情期）,泌乳高峰期（第 3 周）,3 ~ 4 只幼猫。ME=418 400 × 3.5$^{0.67}$+（60 × 3.5 × 1.2）=2 022 312 J

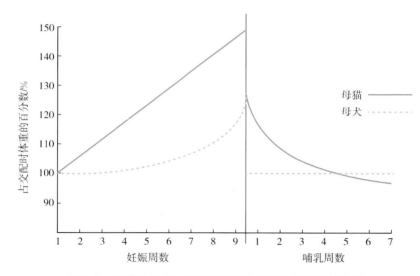

图 5-9　母猫和母犬在妊娠期和泌乳期间体重变化的比较

（Meyer 等, 1985a,b; Loveridge,1986）

图 5-10　母猫哺育幼猫

4.生长的能量需要

新出生的小猫在哺乳期的能量需求非常高，每100g体重需要83.7～104.6kJ的能量。这些能量主要来源于母猫的乳汁。在这个阶段，母乳是小猫最重要的营养来源，因为它含有丰富的蛋白质、脂肪以及免疫物质，可以支持小猫的免疫系统和整体发育。

当小猫逐渐断奶时，它们的能量需求依然很高，因为它们处于快速生长期，需要额外的能量支持。为了帮助小猫满足这一阶段的生长需求，可以使用"每日代谢能需求"（ME）公式来估算它们的能量需求，如表5-7所示。

以下是对于生长期幼猫的饲养建议：①提供高能量猫粮：在小猫断奶后的生长期，需要选择富含蛋白质和脂肪的幼猫专用猫粮，有助于小猫的肌肉、骨骼发育和整体健康。②少食多餐：小猫的胃比较小，因此建议一天分多次喂养，以确保它们能够摄入足够的营养但不会给肠胃造成负担。一天3～4次的小份量喂养可以帮助它们获得充足的能量来支持成长。③根据体重调整食物量：随着小猫的体重不断增加，需要逐步增加食物的供给量，以确保它们的能量需求得到满足。④保持健康体态：在生长期，小猫需要快速增加体重，但这并不意味着它们应该变得肥胖。建议定期称重，确保它们的体重增长符合正常的发育水平。如果体重增长过快或过慢，需要调整它们的饮食量或配方。

表5-7　断奶幼猫满足生长的每日代谢能需要量

$ME(J) = 维持量 \times 6.7 \times [e^{(-0.189P)} - 0.66]$

$ME(J) = 418\ 400 \times BW_a^{0.67} \times 6.7 \times [e^{(-0.189P)} - 0.66]$

式中：

$P = BW_a / BW_m$

BW_a=评价时的实际体重（kg）

BW_m=成年后理想体重（kg）

$e \approx 2.718$，自然对数的底

举例：幼猫，BW_a=1kg，BW_m=4kg

$ME = 418\ 400 \times 1^{0.67} \times 6.732 \times [e^{(-0.189 \times 1 \div 4)} - 0.66] = 828\ 432\ J$

注：引自NRC，2010。

5.犬猫的能量缺乏和过量

能量不足的症状通常是非特异性的，诊断过程中可能因同时伴随其他几种营养物质的缺乏而无法确诊。仅由能量缺乏引起的最明显和最明确的症状是体重减轻（图5-11）。在部分或完全饥饿的情况下，大多数的器官会发生萎缩。能量缺乏的早期症状是各部位的脂肪丢失，如皮下、肠系膜、肾周围、子宫、睾丸和腹膜的脂肪丢失。长骨骨髓的脂

肪含量下降是能量缺乏延续的很好的提示因子。大脑的容积受影响最小，但是生殖腺萎缩的速度很快。淋巴结会发育不全，脾和胸腺也会萎缩。肾上腺通常会增大。年轻的骨组织对于能量的缺乏是很敏感的，其生长可能减慢或完全停止。成年动物则可能发生骨质疏松，导致泌乳和完成工作的能力被削弱。由于肌肉蛋白质被分解用于供能，内源氮损失增加。在这种情况下，寄生虫病和细菌感染容易发生，并且将加剧其他临床症状。

图5-11　猫能量不足导致体重减轻

过量的能量导致超重甚至肥胖（图5-12）。在体内储备的所有脂肪增加了动物的体积。肥胖从统计的角度而言与某些疾病有关，或者确实会导致一些疾病如糖尿病。它还将加大猫的其他一些疾病的严重程度，如骨骼和心脏的疾病，或增加高血脂的风险。过量的能量摄入可能诱导生长动物的生长速率过快。大型犬的幼犬经常出现这种情况，并且导致骨骼疾病的发作和加剧。

图5-12　猫能量过量导致肥胖

碳水化合物的需要

　　碳水化合物是犬猫的重要能量来源。不同的碳水化合物具有不同的生理作用。犬猫的碳水化合物需要量因个体差异和生理状态而异。适量的可消化碳水化合物有助于为犬猫提供持续的能量，同时也支持肠道健康和血糖调节。成年犬的维持日粮每418.4 kJ ME来自10～13.4g碳水化合物（每天碳水化合物提供37%～53%的能量），猫的成年维持日粮中每418.4 kJ ME来自4.5～10.9 g碳水化合物（碳水化合物提供16%～37%的能量）。

　　犬需要相对多的碳水化合物，其日粮中碳水化合物的占比可达30%～60%，但单糖本身的需求比例较低。妊娠和泌乳母犬对碳水化合物的需要量取决于饲料中的蛋白质浓度。猫作为肉食动物，对碳水化合物需求很低，通常不超过日粮的10%，主要依靠蛋白质和脂肪供能。

　　成年犬猫对乳糖的耐受性较低，因此在日粮中应适量控制乳糖摄入。成年犬的空肠乳糖酶的活性一般是每克蛋白质33 U，对乳糖的总耐受量大约是3g/(kg BW · d)。因此，成年犬日粮中的乳糖含量应该被限制。相反的，幼犬的乳糖酶活性较高（每克蛋白质为96U），并且能够消化吸收和代谢乳糖，因此其日粮中的乳糖含量可以相对较高。当乳糖提供犬54%的日粮能量时，犬会产生腹泻和不舒服的症状。犬对乳糖耐受量为日粮总能量的5%或更低。猫采食相对较低的半乳糖[5.6 g/(kg BW · d)]时，产生了中毒症状。新生幼猫有较高的乳糖酶活性(每克蛋白质为96 U)，可以有效地消化乳糖，但其降解乳糖的能力在断奶后下降。

　　淀粉属于非结构性多糖，是犬猫饲粮中主要的可消化性碳水化合物，其主要来源包括玉米、小麦、大麦、大米、高粱、马铃薯等，是犬猫最直接和最经济的能量来源。成年犬猫对淀粉的消化率可达95%以上，饲粮中不同来源淀粉的消化率差异主要取决于谷物类型、淀粉类型、淀粉和饲粮中蛋白质的相互作用、淀粉颗粒结构、加工过程等。由于幼犬和幼猫缺少胰淀粉酶，因此在哺乳期的幼犬和幼猫，不应该供给含淀粉的奶替代物。一直到幼犬可以很好地采食相当数量的固体物质时，才能有效地利用来自脂肪和非结构性碳水化合物（如淀粉）中的能量，尽管脂肪与非结构性碳水化合物的合适比例还不清楚。

　　犬猫饮食中适量的膳食纤维对肠道健康非常重要，可发酵的纤维（如甜菜浆和果胶）能够在肠道中被微生物发酵，产生短链脂肪酸，为宠物提供额外的能量。对于犬来说，日粮中建议膳食纤维含量为 2% ～ 5%（干物质基础），其中可发酵纤维的比例占 5% ～ 15%，帮助支持消化功能和能量代谢。猫对碳水化合物的需求较低，膳食纤维不超过 3%，可发酵纤维建议占 2% ～ 5%。日常饲养中可以选择含适量纤维的高品质宠物食品，例如含甜菜浆或果胶的配方，这不仅能促进肠道健康，还能避免因纤维过多而降低其他营养成分的吸收。同时，应根据宠物的体型和活动量调整纤维摄入，例如中型犬每日需要约 1 ～ 2g 可发酵纤维，而成年家猫建议每日摄入 0.5 ～ 1g，以确保营养均衡。对于需要控制体重的犬猫，合理使用纤维特别重要，在为犬猫提供饱腹感的同时，可避免高能量的摄入。

在制定犬猫日粮时，合理选择和调整碳水化合物的种类和比例，可以根据其健康状况、生活阶段（如生长期、妊娠期、泌乳期、老龄）和特殊需求（如体重控制、糖尿病等）来优化其营养摄入，达到最佳健康效果。妊娠和泌乳母犬对碳水化合物的需要量取决于饲料中的蛋白质浓度。

第三节

脂 肪 的 需 要

饲粮中的脂肪是犬猫能量的主要来源，其提供的能量浓度是蛋白质或碳水化合物的 2.25 倍，因此饲粮中脂肪含量的变化会显著影响整体能量水平。犬猫对脂肪的消化能力很强，表观消化率通常超过 90%。脂肪分解后产生的脂肪酸（图 5-13、图 5-14）是宠物体内不可或缺的营养物质，对维持健康和支持正常生理功能至关重要。同时，适量的脂肪还能提升食物的适口性和促进被毛健康，让宠物更加活力十足。

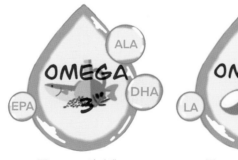

图 5-13 欧米伽 -3　　　　图 5-14 欧米伽 -6

一、犬的需要

（一）成年犬的维持需要

成年犬在日常生活中需要适量的脂肪来维持健康和身体机能。研究表明，成年犬饲粮的总脂肪推荐摄入量为代谢能（ME）的 11.7%，相当于干物质（DM）的 5.5%，这一数值适用于大多数成年犬。脂肪的主要来源应高质量且易于消化，既能为犬提供能量，又可提升食物适口性，并改善皮肤和毛发健康。

亚油酸（LA）作为一种必需脂肪酸，对于成年犬的皮肤、毛发及细胞膜功能具有重要作用（图5-15）。成年犬的亚油酸推荐摄入量为2.34% ME（相当于1.1% DM）。根据研究，亚油酸含量为2% ME（约0.95% DM）时能够有效预防缺乏症，而建议值中还需增加10%的安全系数以确保供给充足。成年犬能够将亚油酸部分转化为花生四烯酸（AA），这一功能对维持细胞膜健康和正常生理活动非常重要。因此，在设计饲粮时，应平衡脂肪总量与亚油酸的比例，同时参考饲粮的代谢能（ME）值来确保营养全面、科学合理。

图5-15　脂肪改善毛发光泽

（二）生长期的脂肪需要

在犬的生长期（从断奶到性成熟），需要提供比成年犬更多的脂肪和必需脂肪酸，以支持它们的快速生长和健康发育。生长期犬的饲粮中脂肪含量建议占干物质的8.5%，相当于代谢能的18%，既能提供充足的能量，又不会导致肥胖等健康问题。同时，还需要注意脂肪质量，选择富含必需脂肪酸（如亚油酸和α-亚麻酸）的优质动物脂肪或植物油，有助于皮肤、毛发和免疫系统的健康。为了确保生长期犬的营养需求得到充分满足，建议在上述基础上增加10%的安全系数，以应对饲粮成分或犬只个体差异可能引起的需求变化。此外，应参考犬乳中长链多不饱和脂肪酸（LCPUFAs）的成分，适当提高饲粮中多不饱和脂肪酸的供给水平，以更好地支持生长期犬的健康成长和生理功能。

（三）妊娠与泌乳期的脂肪需要

妊娠和泌乳期的母犬需要更多的脂肪和必需脂肪酸来支持自身健康和胎儿的生长发育。研究表明，饲粮中脂肪含量至少需要达到干物质（DM）的7.7%才能维持正常的繁殖性能，而推荐量为8.5% DM更能满足这一特殊阶段的需求。妊娠期亚油酸（LA）的需求略低于生长期，为1.1% DM，而α-亚麻酸（ALA）的推荐摄入量为0.07% DM，适当提高至0.08% DM或更高（如0.5% DM）可以进一步优化代谢功能。根据联合国粮食与农业组织（FAO）和世界卫生组织（WHO）的建议，必需脂肪酸（EFAs）的推荐摄入量为1%～1.5% ME，其中亚油酸为2.76% ME，α-亚麻酸为0.08% DM，可以有效预防脂肪酸缺乏并支持繁殖性能。长链多不饱和脂肪酸（LCPUFAs），如二十二碳六烯酸（DHA）和二十碳五烯酸（EPA），在妊娠和泌乳期对胎儿神经系统和视力的发育至关重要。犬乳中的脂肪酸成分研究显示，这些脂肪酸不仅能支持胎儿健康，还能促进母犬的泌乳质量。因此，为妊娠和泌乳期母犬设计饲粮时，应选择高质量脂肪来源，合理增加总脂肪和必需脂肪酸的供给量，特别注意控制亚油酸与α-亚麻酸的比例在 2.6～16，以满足母犬和胎儿的营养需求，同时提升母犬的整体健康状态。

以下是关于犬日常喂养中脂肪摄取的建议：①选择优质脂肪：使用动物脂肪（如鱼油）和植物油（如亚麻籽油）提供必需脂肪酸，有助于健康皮肤和毛发。②根据生长阶段调整脂肪含量，以满足各阶段的营养需求，并避免过量导致肥胖。③平衡亚油酸与α-亚麻酸比例，适量增加α-亚麻酸以优化代谢平衡。④补充LCPUFAs：妊娠、泌乳期及生长期可适量补充DHA和EPA以支持发育。⑤增加安全系数：在推荐摄入量的基础上增加10%，确保供给充足应对个体差异。

二、猫的需要

（一）成年猫的维持需要

成年猫的脂肪需要以维持日常活动和身体健康为目标，最低需要量（MR）和适宜摄入量（AI）为 9% DM。饲粮中亚油酸的推荐量为 0.55% DM，这一水平足以维持正常的生理功能和健康。与犬不同，猫较少依赖亚油酸转化为多不饱和脂肪酸（LCPUFAs），因此饲粮中的亚油酸主要用于直接满足需求，而非代谢转化。花生四烯酸的推荐量为 0.06g/kg DM，比最低需求稍高，可确保在特殊情况下满足代谢需求。如果饲粮中n-3 LCPUFAs含量较低，应适当增加α-亚麻酸或直接补充少量DHA和EPA，以促进健康代谢。合理控制饲粮中的脂肪来源和比例，能够有效维持成年猫的正常健康状态。

（二）生长期的脂肪需要

猫在生长期需要更多脂肪来支持其快速生长和发育。推荐饲粮中脂肪的含量为 9% 干物质（DM），这高于成年猫的最低需要量（MR），接近哺乳期母猫的需求水平。生长期猫对亚油酸（LA）的需要量为 1.3% DM，稍高于成年猫推荐值，而α-亚麻酸（ALA）的建议摄入量为 0.02%～0.03% DM，可以满足生长所需的n-3脂肪酸需求。此外，花生四烯酸（AA）的适宜摄入量为 0.05% DM，虽然略高于繁殖阶段的需求，但可以为细胞功能和健康提供支持。生长期猫的饲粮设计应考虑脂肪来源的质量，适当补充亚油酸和α-亚麻酸，同时参考猫乳中的长链多不饱和脂肪酸（LCPUFAs），以确保全面的脂肪酸供给。

（三）妊娠和泌乳期的脂肪需要

妊娠和泌乳期的母猫对脂肪的需要量虽与成年猫的最低需要量（9% DM）相近，但其总摄入量显著增加，以满足胎儿发育和泌乳的高能量需求。亚油酸（LA）的推荐量为0.55% DM，花生四烯酸（AA）的推荐量为0.02% DM，足以支持繁殖需求。但在实际饲粮中，应考虑补充少量n-3 LCPUFAs（如DHA和EPA），因为它们对胎儿神经系统和视网膜的发育至关重要。如果饲粮中缺乏这些长链脂肪酸，α-亚麻酸可作为转化底物支持有限的n-3脂肪酸需求。合理设计妊娠和泌乳期母猫的饲粮，提供足量的脂肪和必需脂肪酸，不仅能保障母猫健康，还能为胎儿和新生儿的发育提供坚实的营养基础。

饲粮中的脂肪和脂肪酸能有效支持猫的生长、健康维持和繁殖需求，使其在各个阶段保持最佳状态。以下是关于猫日常喂养中脂肪摄取的建议：①脂肪来源选择：选择优质的动物脂肪（如鱼油）或植物油（如亚麻籽油），确保提供亚油酸和α-亚麻酸等必需脂肪酸。②平衡比例：控制饲粮中亚油酸与α-亚麻酸的比例，避免过量竞争影响代谢。③关注长链脂肪酸：特别是在妊娠和泌乳期，适量补充DHA和EPA对猫的健康和繁殖性能有重要作用。

第四节 蛋白质的需要

一、犬的需要

1.成年犬的维持需要

成年犬在维持阶段对蛋白质的需求较低，但仍需满足日常代谢和健康需求。早期研究通过氮平衡试验估计，成年犬的粗蛋白质最低需要量（MR）为80g/kg（日粮中含ME 16.736kJ/g），这一水平足以维持体重和健康状态。更高品质的蛋白质来源（如高消化性动物蛋白）能更有效满足需求，研究显示，当日粮中粗蛋白质含量为82g/kg时，可维持成年犬的正常体重和血液健康。但为确保营养充足，适宜摄入量（AI）建议设为100g/kg，这一数值被广泛认为是成年犬蛋白质推荐摄入量（RA）的合理标准。对于老龄犬，由于蛋白质储备和代谢能力的变化，其蛋白质需要量可能比成年犬高出50%，以支持免疫功能、伤口愈合及整体健康。建议为老龄犬选择高品质、易消化的蛋白质来源，同时适当增加蛋白质供给。

2.生长期的蛋白质需要

生长期犬的蛋白质需要量显著高于成年犬，以支持其快速生长和发育。根据美国国家研究委员会（National Research Council，NRC）最近的研究，10～14周龄犬对粗蛋白质的最低需要量（MR）为180g/kg（日粮中含ME 16.736kJ/g），在饲粮中含有高消化性蛋白质或游离氨基酸时，可满足最大体增重需求，而实现最大氮存留需要更高的蛋白质水平（约250g/kg）。14周龄后，高消化性日粮的粗蛋白质需要量下降至140g/kg，而普通含谷物或动物副产品的日粮需200g/kg才能

图5-16　蛋白质的需要

满足需求。高品质蛋白质来源（如鸡肉、鱼类）或含游离氨基酸的饲粮能更高效满足必需氨基酸的需求，对于普通日粮则需要更高比例的蛋白质以弥补消化率差异。建议根据犬的年龄阶段调整蛋白质含量，确保幼犬在快速生长期获得充足的营养支持，同时通过体增重观察生长状态，以评估饲粮是否满足需求。

3.妊娠和泌乳期的蛋白质需要

妊娠和泌乳期母犬对蛋白质的需求较高，以支持胎儿发育、母体健康，保证泌乳质量。一般认为，妊娠期和泌乳期的母犬可以参考生长期犬的蛋白质需求。使用商用干犬粮或天然原料日粮可以维持正常的妊娠和泌乳，适宜摄入量（AI）为180～210g/kg（日粮中含ME 16.736kJ/g）。当蛋白质品质较高且日粮中含碳水化合物时，推荐供给量（RA）为210g/kg。哺乳母犬的蛋白质需求与哺乳幼犬数量相关：小型母犬哺乳2只幼犬需10g/kg BW$^{0.75}$，中型母犬哺乳6只需20g/kg BW$^{0.75}$，大型母犬哺乳8只需25g/kg BW$^{0.75}$。在日粮不含碳水化合物的情况下，母犬的蛋白质需求显著增加，需达400g/kg才能维持正常繁殖，否则可能导致母犬低血糖、幼犬高死亡率及产奶量下降等问题。

为妊娠和泌乳期母犬配制日粮时，应选择高消化率的蛋白质，确保必需氨基酸比例均衡，并结合碳水化合物以减少蛋白质的过度消耗。总蛋白质含量建议保持在25%～30%，可保证母犬和幼犬的健康。宠物主人在日常饲养中应选择高品质犬粮，并根据母犬体型、哺乳量及健康状况适当调整营养配比，以确保成功繁殖和母子健康。

合理调整饲粮蛋白质水平，结合犬的生长阶段、活动量及繁殖状况，可有效提升其健康与生活质量。以下是关于犬日常饲养中蛋白质需求的摄取建议：①确保蛋白质质量：优选高消化率、高品质的蛋白质来源（如动物蛋白）。②满足生长期需求：生长期犬日粮蛋白质含量应为25%～30%，以支持快速生长。③调整成年犬蛋白质：随着年龄增长，成年犬对蛋白质需求减少，但老龄犬可能需额外增加以维持健康。④关注繁殖期营养：妊娠和泌乳期母犬需高蛋白质和碳水化合物组合日粮以避免健康问题。

二、猫的需要

1.成年猫的维持需要

成年猫在维持阶段对蛋白质的需求相对较低，但仍需满足基础代谢、组织修复和健康功能的需要。早期研究通过氮平衡试验估计，成年猫的粗蛋白质最低需要量（MR）为125g/kg（日粮中含 ME 16.736kJ/g），而更多精确试验发现，当蛋白质摄入量为 160g/kg 时，部分成年猫可能仍处于负氮平衡。因此，考虑到日粮消化率、代谢需求和其他变量，建议成年猫的蛋白质安全供应量为 200g/kg，以确保营养充足。在日常饲养中，商用膨化猫粮通常含有不低于 265g/kg 的粗蛋白质，能够满足成年猫的营养需求。此外，成年猫对必需氨基酸的需求至少与生长期猫相当，因此需特别关注日粮中必需氨基酸（如精氨酸和蛋氨酸）的含量及比例。同时，高品质蛋白质来源更有助于猫的健康维持，如动物蛋白优于植物蛋白，因其必需氨基酸含量较高，利用率更好。对于老龄猫或环境压力大的猫可能需要额外的蛋白质支持，日粮蛋白质含量可适当提高。

2.生长期的蛋白质需要

生长期猫的蛋白质需求较高，以支持快速生长和健康发育。近年来，研究表明，基于剂量反应曲线测算的需要量更精确，粗蛋白质需求范围为 160 ~ 240g/kg，高于NRC推荐值150g/kg。在研究中，当粗蛋白质或必需氨基酸的摄入量低于需求水平时，猫的体增重和氮存留会下降，而通过补充精氨酸可以纠正这一问题。最佳体增重和氮存留通常出现在蛋氨酸和精氨酸的摄入量不超过需要量2倍的情况下。低浓度或高浓度粗蛋白质日粮中总必需氨基酸/总氨基酸值（E：T值）需要保持较高水平。低浓度蛋白质日粮需要更高的E：T值以提供足够的必需氨基酸，而高浓度蛋白质日粮则需要高E：T值以防止如谷氨酸等非必需氨基酸的毒性。高浓度非必需氨基酸（尤其是谷氨酸）可能导致代谢失衡，提高血浆和组织中的谷氨酸盐浓度，影响健康。在日粮蛋白质浓度适中时，蛋白质的品质对生长的影响相对较小，但高品质蛋白质（如动物蛋白）仍然比低品质蛋白质更能支持体增重和氮存留。商用膨化猫粮蛋白质浓度的适宜水平约为 280g/kg，一般能够满足生长期猫的正常生长需求。

3.妊娠和泌乳期的蛋白质需要

母猫在妊娠和泌乳阶段对蛋白质的需求显著增加，以满足胎儿发育、母体健康和乳汁分泌的需要。研究表明，母猫在妊娠期和泌乳期的粗蛋白质最低需要量（MR）分别为170g/kg 和 240g/kg，而泌乳高峰期的蛋白质需要量可达到 210 ~ 290g/kg。商用膨化猫粮通常含有260g/kg蛋白质，这一水平接近满足母猫泌乳高峰期的需求，但仍可能出现某些必需氨基酸的不足，特别是蛋氨酸，其常为第一限制性氨基酸。泌乳高峰期（第3 ~ 4周）是母猫蛋白质需求最高的阶段，因为此时幼猫尚未完全采食固体食物，主要依赖母乳获取营养。在此阶段，母猫的乳汁中必需氨基酸可能会出现不足，特别是蛋氨酸和其他关键氨基酸。因此，确保日粮中含有高品质、可消化的蛋白质来源尤为重要。

4.猫对牛磺酸和精氨酸的特殊需求

牛磺酸和精氨酸是猫必需的氨基酸，对其健康至关重要（图5-17）。牛磺酸的缺乏可能导致视网膜变性、视力受损、繁殖障碍、心脏异常和免疫功能下降。美国饲料管理协会（AAFCO）明确规定猫粮中的牛磺酸含量标准，罐头猫粮的标准通常高于挤压工艺的干猫粮，因为罐头生产过程中因美拉德反应导致牛磺酸损失较多。美拉德反应使牛磺酸与其他营养物质结合形成棕色不溶物，降低了胃肠道吸收效率，同时肠道微生物对牛磺酸的利用也会影响其可用性。因此，为确保猫的健康，应选择高品质、富含牛磺酸的猫粮，尤其是经AAFCO认证的产品。此外，猫无法通过肠道黏膜利用谷氨酸和脯氨酸合成鸟氨酸，必须依赖日粮提供精氨酸。精氨酸是猫营养代谢和免疫功能的重要成分，对鸟氨酸循环和尿素排泄至关重要。缺乏精氨酸可能导致代谢紊乱，从而影响猫的整体健康。

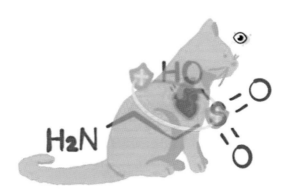

图5-17　牛磺酸对于猫的重要性

以下是基于猫在不同生理阶段对蛋白质、氨基酸和其他营养需求的综合饲养建议：①选择高品质猫粮，以满足各阶段猫的营养需求，确保猫粮中含有充足的必需氨基酸，尤其是精氨酸和蛋氨酸，以支持代谢和免疫功能。优选经AAFCO认证的猫粮，避免低品质产品引发营养失衡或毒性问题。②关注牛磺酸摄入：牛磺酸是猫不可或缺的营养素，需确保猫粮中含量充足，尤其是罐头猫粮因美拉德反应可能导致牛磺酸损失较多。搭配干粮或选择额外补充牛磺酸的产品可弥补不足。③合理选择饲粮类型：干粮与湿粮结合，干粮有助于牙齿健康，湿粮（水分丰富）有助于预防泌尿系统疾病。④定期观察健康状态：观察猫的体重、毛发光泽、活力和食欲，定期评估饲粮是否满足需求。如猫出现体重下降、繁殖障碍或泌乳问题，应及时咨询兽医，调整日粮结构。

第五节

维 生 素 的 需 要

一、犬的需要

（一）维生素A

NRC推荐生长幼犬的维生素A需要量为72.43RE/1 000kJ（RE为视黄醇当量），关于成年犬的需要量尚没有推荐的保证值。这样的日粮浓度相当于40RE/(kg BW$^{0.75}$·d)满足成年犬的维持需要，80RE/(kg BW$^{0.75}$·d)满足幼犬的生长需要。目前尚没有关于妊娠、哺乳犬对视黄醇需要量的公开研究资料，所以推荐使用和生长幼犬同样的浓度（含72.43RE/1 000kJ）以满足妊娠、哺乳母犬的需要。

（二）维生素D

天然食物原料可能提供足够的维生素D以满足生长幼犬的需要。NRC推荐生长幼犬维生素D需要量是0.657μg/1 000kJ。因为没有关于成年犬和妊娠哺乳母犬维生素D需要的任何信息，维生素D含量为0.657μg/1 000kJ，即0.36μg/(kg BW$^{0.75}$·d)可以满足成年犬的维持需要。

（三）维生素E

NRC建议给生长幼犬提供的维生素E的允许剂量为22IU/kg（日粮能量为15.36kJ/g），即相当于1.43IU/1 000kJ，且要求日粮中含有不多于1%的亚油酸和至少0.2mg/kg的硒。在没有其他数据的条件下，推荐该值作为生长幼犬、维持成年犬及妊娠哺乳犬的适宜摄入量。为了可在日粮中添加高水平的多不饱和脂肪酸（PUFA），日粮中α-生育酚（mg）和PUFA（g）的比例至少应该是0.6。

（四）维生素K

在不含有干扰细菌合成和吸收维生素K或其类似物的情况下，是否需要补充维生素K还不清楚。不管怎样，作为预防维生素K缺乏，NRC建议，成年犬日粮中添加维生素K的量是22μg/(kg BW·d)，而生长犬的量为44μg/(kg BW·d)。这高于日粮中提供的浓度，生长犬和成年犬分别为0.97mg/kg和1.32mg/kg（日粮能量为16.736kJ/g）。没有给出妊娠和哺乳母犬的建议量。在怀疑肠内微生物合成维生素不足的情况下，NRC建议维生素K的用量为1.3mg/kg BW（16.736kJ/g）。

（五）硫胺素（维生素B$_1$）

对生长犬，建议日粮中硫胺素的含量为64.54μg/1 000kJ ME（相当于1.08mg/kg），日粮能量为16.736kJ/g。这个值等同于75μg/(kg BW·d)。硫胺素的日粮维持需要量高于生长需要量。对于妊娠和哺乳母犬则没有明确规定，但是规定含107.55μg/1 000kJ ME是可行的。

（六）核黄素（维生素B$_2$）

研究估计，成年犬核黄素的维持需要量为67μg/(kg BW·d)，这表明成年犬日摄入量为70μg/(kg BW·d)，对于维持来说，相当于0.251mg/1 000kJ。在缺乏关于生长幼犬和妊娠、哺乳母犬资料的情况下，推荐相同的日粮浓度，含核黄素0.251mg/1 000kJ。这些数值大于NRC对生长犬的建议量。ABGE（德国营养生理学会营养需求标准委员会）推荐用于维持和生长的每天允许剂量分别为50μg/kg BW 和100μg/kg BW。

（七）维生素B$_6$

生长犬的适宜摄入量约为0.071 6mg/kg（日粮能量为15.36kJ/g）或每1 000kJ 0.071 7mg。这一日粮浓度，对生长期幼犬相当于84μg/(kg BW$^{0.75}$ · d)，对成年犬相当于39μg/(kg BW$^{0.75}$ · d)，这可满足维持需要。其满足生长的日粮浓度也能够满足妊娠期和哺乳期母犬的需要。这些推荐量近似于ABGE所给的量。对于一个含ME 16.736kJ/g的日粮，这些吡哆醇（维生素B$_6$的醇型结构）在日粮中的供给量约为 1.2μg/(kg BW · d)。

（八）烟酸

生长期幼犬及成年犬的烟酸日需要量分别为365μg/kg 和225μg/kg。NRC建议对于含有最小量色氨酸的日粮，成年犬的烟酸日需要量应为225μg/kg，生长期犬为450μg/kg。鉴于目前缺乏进一步的信息，建议对所有犬提供烟酸的量为0.812 5mg/1 000kJ ME。

对妊娠期和哺乳期犬还没有制定其烟酸需要量，但鉴于其采食量增加的生理特点，应当提供足量的日粮以供生长。ABGE建议的日需要量：维持为200μg/kg，生长和繁殖为450μg/kg。

（九）泛酸

泛酸的上限摄入量为200μg/(kg BW · d)，相当于含泛酸0.717mg/1 000kJ ME。NRC建议生长犬需要量为0.645mg/1 000kJ ME。0.717mg/1 000kJ ME的需要量适用于所有生理阶段。对于处于维持状态的成年犬来说，此浓度相当于0.39mg/(kg BW$^{0.75}$ · d)。

（十）钴胺素（维生素B$_{12}$）

NRC的推荐量为1.673μg/1 000kJ ME，作为所有犬的适宜采食量。该日粮浓度相当于成年犬处于维持状态时的钴胺素采食量，即0.92μg/(kg BW$^{0.75}$ · d)。对于胃肠机能受损的犬，其需要量要稍高些。

（十一）叶酸

NRC给出的叶酸需要量为12.91μg/1 000kJ ME，可满足各个生理阶段的需要。此日粮浓度提供的满足成年犬的维持需要量为7μg/(kg BW$^{0.75}$ · d)，超过此值的2倍能满足生长犬需要。

（十二）生物素

犬对生物素有一个代谢需要量，但是当天然食物中没有蛋清和抗菌剂时，其日粮需要量不可能确定。ABGE推荐生物素的日维持需要量为2μg/kg，生长和繁殖的需要量为4μg/kg。

（十三）维生素C

犬不需要将日粮中的维生素C作为营养物质。维生素C可能提高日粮中其他营养物质的稳定性，同时可能有对抗氧化损伤的相关保护功能。

二、猫的需要

（一）维生素A（视黄醇）

由于猫不能利用类胡萝卜素，所以日粮中应提供类维生素A，且猫的维生素A需要量是以毫克为单位给出的，而不是视黄醇当量（RE）。NRC建议生长猫的日粮视黄醇用量为1mg/kg（日粮能量为0.047 8mg/kJ）或47.81 μg/1 000kJ。该标准被建议作为生长和维持需要量的AI。对于妊娠和泌乳阶段，建议供给量为95.62μg/1 000kJ。日粮中视黄醇浓度为47.81μg/1 000kJ，对于维持状态的成年猫相当于摄入20μg/kg BW$^{0.67}$，相当于相同基础上生长猫需要量的2倍。可以证明，喂以商品日粮的猫的年龄与肝脏维生素A浓度呈显著的正相关。

（二）维生素D

3.125μg/kg日粮（日粮能量为18.828kJ/g）的胆钙化醇维生素D$_3$ 0.167μg/1 000kJ能够满足生长幼猫的需要，但推荐每千克日粮6.25μg（相当于0.334μg/1 000kJ）为其安全下限，并建议该值为其推荐供给量。该浓度也能满足妊娠、哺乳猫的维生素D需要。因为尚没有对成年猫的维持需要进行研究，所以0.334μg/1 000kJ胆钙化醇能满足成年猫的维持需要。

（三）维生素E

由于猫采食的日粮特点，因此，它们对维生素E缺乏要比犬敏感得多。猫粮，特别是灌装猫粮，主要是以鱼类，特别是金枪鱼为主要原料，因此含有比犬粮更多的脂肪。鱼类含有更多的长链不饱和脂肪酸，更容易发生过氧化反应。目前，已有研究证明维生素E的需要量和多不饱和脂肪酸（PUFAs）的量之间的关系，因此，在所有的日粮中都补充单一的最低需要量的维生素E是不合适的。NRC建议在含有相对较低的脂肪（＜10%），且含有抗氧化剂和适量的硒（0.12mg/kg）的日粮中添加30mg α-生育酚。这代表日粮中浓度达到1.43mg/1 000kJ的充足的摄入量。PUFAs含量高的日粮，特别是含有发生过氧化反应的鱼油的日粮，每千克中可能需要120mg或更多的维生素E，以预防脂肪炎（也称脂肪组织炎或脂肪坏死）。在缺乏具有决定意义的信息的前提下，在低脂肪（＜10%）日粮中α-生育酚的添加量推荐24mg/kg是合适的，而对含有高浓度的PUFAs的日粮，α-生育酚的添加量120mg/kg则更为合适。总之，日粮中应保证生育酚（mg）对PUFAS（g）

的比值至少为 0.6。

（四）维生素K

在不含鱼的猫粮中，猫的维生素K可由肠道细菌合成，从而满足猫的维生素K需要。含鱼猫粮可能需要额外添加维生素K来满足肠道微生物合成维生素K的不足。为了确保富含鱼类猫粮的安全性和营养平衡，应该向猫粮中添加适量的乙氧基喹啉，允许剂量1.0mg/kg（日粮能量为16.736kJ/g），这个添加量被认为是适宜的摄入量。

（五）硫胺素（维生素B_1）

研究建议，日粮中含5mg/kg的硫胺素（日粮能量大约为19.7kJ/g）适合于幼猫生长的需要。因为需要量与能量代谢有关，建议此需要量可扩展到为不同阶段的猫配制日粮，如维持、妊娠和泌乳。当猫粮中的能量只有很小部分来源于脂肪时，其需要量应增加一些。

（六）核黄素（维生素B_2）

NRC建议核黄素的日需要量为191.6μg/1 000kJ（相当于4mg/kg，日粮能量为20.92kJ/g）。考虑到有限的可利用的资料，建议把这一需要量作为维持、生长和哺乳的适宜摄入量。该日粮浓度相当于体重4kg的成年猫每天消耗ME 1 046kJ时，摄入量为79μg/（kg BW$^{0.67}$ · d）。

（七）维生素B_6

猫的维生素B_6需要量取决于日粮中的蛋白质浓度。对于每千克含300g酪蛋白的日粮，维生素B_6的需要量为每千克日粮1mg，然而对于每千克含600g酪蛋白的日粮，维生素B_6的需要量要超过或平均达到每千克日粮2.0mg。如把高蛋白质日粮的蛋白质量设为每千克日粮大约500g，则维生素B_6最低需要量为2mg/kg或119.6μg/1 000kJ，可满足猫的所有生理状态。这种日粮浓度可满足成年猫的维持需要量，即49μg/（kg BW$^{0.67}$ · d）。

（八）烟酸

NRC建议日粮中烟酸最低需要量为1.91mg/1 000kJ ME（相当于含烟酸40mg/kg，日粮能量为20.92kJ/g）。这一日粮浓度等于摄取量为0.8mg/（kg BW$^{0.67}$ · d）。在计算猫粮配方时，谷类提供的烟酸的生物利用率假定为30%，或者将其忽略。

（九）泛酸

若日粮中含有5mg/kg的泛酸钙（相当于0.298mg/1 000kJ ME），这是生长猫的MR。该浓度相当于日粮中含泛酸4.6mg/kg或0.275mg/1 000kJ ME。含有0.298mg/1 000kJ ME泛酸钙的日粮浓度表示满足成年猫维持需要的泛酸量，即0.12mg/（kg BW$^{0.67}$ · d）。

（十）钴胺素（维生素B$_{12}$）

在断奶幼猫的混合饲粮中添加钴胺素是十分必要的。已知在纯合日粮中，钴胺素为20μg/kg（相当于1.08μg/1 000kJ ME），能够维持妊娠期、哺乳期母猫和生长期幼猫正常的血红蛋白浓度。因为钴胺素的生物利用率并不那么重要，因此，以上列出的浓度可作为猫在所有生理条件下的适宜摄入量。

（十一）叶酸

研究推荐的叶酸最小量是0.6mg/kg。给予叶酸含量为0.6mg/kg的日粮，全血、红细胞和血浆中叶酸平均浓度分别是（5.9±1.1）μg/L、（17.8±2.3）μg/L和（3.6 ± 0.3）μg/L。日粮中含叶酸0.6mg/kg（日粮能量为16.736kJ/g）相当于成年猫维持需要的15μg/（kg BW$^{0.67}$ · d）。

（十二）生物素

有研究论证了猫对生物素具有一个代谢需要量，但是并未估测出这个需要量。猫或许不需要在日粮中额外添加生物素，除非在异常的情况下（如日粮中含有大量的生鸡蛋蛋清）。混合日粮每千克含有生物素60mg就可以满足妊娠期和哺乳期的母猫和正常生长的幼猫的需要。专家建议在日粮中不含生鸡蛋蛋清的情况下，生物素在日粮中添加量为60μg/kg（日粮能量为16.736kJ/g）是合适的。这样的日粮浓度将为一只成年猫的维持状态提供生物素大约1.5μg/（kg BW$^{0.67}$ · d），这对它来说是足够的。

维生素的需要如图5-18所示。

图5-18 维生素的需要

矿 物 质 的 需 要

一、犬的需要

（一）钙

1.幼犬的需要量和供给量

（1）幼犬的需要量。生长期幼犬钙的最低需要量因其品种和年龄的变化而变化。最终确定，钙含量为478mg/1 000kJ ME（含钙8.2g/kg，含ME 16 736kJ/kg），可被设定为饲粮钙的MR，它既能满足大型犬也能满足小型犬幼犬的正常生长需要，虽然它有些接近除大型犬外其他犬的MR。这种日粮可为体重为5.5kg、每天消耗ME 14 184kJ的幼犬提供的日粮钙摄入量为370mg/kg，即560mg/(kg BW$^{0.75}$·d)。然而饲粮钙的浓度可能并不能保证一些大型犬的最佳生长，因为试验所统计的只是能量浓度适量的标准饲粮，可能含有降低钙吸收率的成分。

（2）幼犬的供给量。关于幼犬饲粮中钙的推荐供给量，含钙717mg/1 000kJ ME（含钙12g/kg，含ME 16 736kJ/kg）的饲料适于所有品种犬。这种饲粮可为一只体重为5.5kg、每天消耗ME 4 184kJ的幼犬提供的钙摄入量为545mg/(kg BW·d)，即680mg/(kg BW$^{0.75}$·d)。

2.成年犬的需要量和供给量

成年犬要维持钙平衡，必须吸收大约25mg/(kg BW·d)。假定其生物利用率最大为90%，成年犬钙的最低需要量不超过30mg/(kg BW·d)，这可由含钙119mg/1 000kJ ME（含钙2g/kg，含ME 16 736kJ/kg）的饲粮来满足。假定安全因子为50%（生物利用率为40%），以解释部分吸收和能量摄入的变化，则成年犬对饲粮中钙的推荐供给量设为65mg/ kg BW·d，即130mg/(kg BW$^{0.75}$·d)是合理的。对体重为15kg的成年犬，推荐供给量可由含钙239mg/1 000kJ ME[含钙4.0g/kg(DM 基础)，含ME 16 736kJ/kg(DM 基础)]的饲粮来满足。

3.犬妊娠期和泌乳期的需要量和供给量

假设钙的利用率为40%，妊娠母犬妊娠期最后3周，钙的推荐供给量为160 mg/(kg BW·d)。一只体重为22kg的母犬，妊娠后期的能量需求约为419 kJ /(kg BW·d)。含钙382mg/1 000kJ ME（相当于含钙6.5g/kg，含ME 16 736kJ/kg）的饲粮，即可满足妊娠期对钙的需要。

基于数据统计，含钙382mg/1 000kJ ME（含钙6.5g/kg，含ME 16 736kJ/kg）的饲

粮，可满足一只体重为22kg、哺育8只幼犬的母犬在泌乳高峰期的推荐供给量。超大型犬需进食稍低的能量和略高的钙，所以为超大型犬设计的饲料钙浓度应高一点，含钙约为454mg/1 000kJ ME。

通过分析产奶量和乳中钙浓度的数据可推测出哺乳期的钙需求。在保证所有品种的哺乳母犬获得适量的钙的情况下，钙的适宜摄入量和推荐供给量应该设在能确保巨型品种需求的水平，也就是380mg/kg BW·d，即820mg/(kg $BW^{0.75}$·d)。如能保证正常能量摄入，这需要含钙454mg/1 000kJ ME[含钙8.0g/kg（DM基础）、含ME 16 736kJ/kg（DM基础）]的饲粮。由上可见，饲粮提供给泌乳期犬的充足钙浓度要比妊娠期犬的高。

（二）磷

1.幼犬的需要量和供给量

摄入无机磷的幼犬，其磷的表观吸收率至少在70%。如果犬和猫相似，那么每天每千克体重磷的内源损失只有几克。但是，如果钙磷比超过2∶1或者饲粮中有很多的植酸磷，磷的吸收率就会下降。给幼犬饲喂标准生长日粮，尤其是干性食品，磷的吸收率可合理地设为50%。对幼犬而言，磷的最小吸收浓度约为2.6g/kg（DM基础）。因此，适宜生长期幼犬的饲粮磷的浓度约为5.2g/kg（DM 基础）。而当给10～15周龄大丹犬幼犬饲喂含磷0.82%或浓度为545mg/1 000kJ ME（钙磷比为1.3∶1）的饲粮，其磷的表观吸收率为70%，磷的净保留量为190mg/(kg BW·d)。但是，当钙磷比增加到3.6∶1时，磷的净保留量会降到95mg/(kg BW·d)，尿中磷的损失是可以忽略的，表明这时磷含量不足（图5-19）。

图5-19　钙和磷的需要

基于这些数据，尤其当钙含量增加时，为确保磷的适宜量，磷的适宜摄入量应设在597mg/1 000kJ ME。这种饲粮能提供磷450mg/(kg BW·d)，即680mg/(kg $BW^{0.75}$·d)，或可满足一只体重为5.5kg、每天消耗ME 4 184kJ 的巨型品种犬的需要，但可能会超过生长期小型或中型犬的需要。

2.成年犬的需要量和供给量

现有的试验资料很少可以确定成年犬的磷的最低需要量和推荐供给量。有试验将含各种不同动植物蛋白源的饲粮喂给成年犬，测出了磷的表观吸收率。饲粮中磷浓度 10.5g/kg（DM 基础），同时钙磷比为 2：1。磷摄入量估计为 132mg/(kg BW·d)，并且摄入磷的平均表观吸收率为 22%，即磷的纯摄入量为 30mg/(kg BW·d)。有人推测，饲粮中的钙磷比较低（接近 1：1）很可能造成磷的吸收率变高，大概接近 70%，这表明成年犬的适宜摄入量为 50mg/(kg BW·d)，即 100mg/(kg BW$^{0.75}$·d)。含磷约为 179mg/1 000kJ ME 的饲粮，能为一只体重为 15kg、每天消耗 ME 4 184kJ 的成年犬提供充足的磷。

3.犬妊娠期和泌乳期的需要量和供应量

有关妊娠和泌乳期母犬磷的需要和供应的可利用数据很少。研究推荐妊娠母犬在孕期最后 5 周磷的补充量为 133mg/(kg BW·d)。对于处于泌乳期的母犬，推荐磷的补充量为 145～290mg/(kg BW·d)。这些估计是基于母犬的大小和假设磷的生物利用率为 50%。如果能量的摄入量为 20 920kJ，含磷 287mg/1 000kJ ME 的饲粮可确保推荐供给量及妊娠期和泌乳期的需要。

（三）镁

1.幼犬和成年犬的需要量和供给量

研究表明，正常哺乳的幼犬在哺乳期第 4 周时可食入含镁 13.4mg/(kg BW·d) 和能量为 774.8kJ/(kg BW·d) 的饲粮。如果能量和镁需要（图 5-20）在断奶后与此近似，则含镁 17.9mg/1 000kJ ME 的饲粮可满足体重为 5.5kg、每天消耗 ME 17 505kJ 幼犬的需要。然而，这似乎说明，断奶后的需要量稍低于哺乳期，也可能由于标准饲粮镁的生物利用率比乳中的低。这进一步说明，在其他品种中长时间饲喂乳制品能导致低镁血症的发生。

图5-20 镁的需要

数据表明，含镁 10.8mg/1 000kJ ME 的饲粮，可提供给采食纯合干粮的幼犬和成年犬镁的最低需要量。这种饲粮可为体重为 5.5kg、每天消耗 ME 4 184kJ 的幼犬和体重为 15kg 的成年犬提供的镁分别为 8.2 和 3.0mg/(kg BW·d)，即 12.5 和 5.91mg/(kg BW$^{0.75}$·d)。

标准饲粮中镁的生物利用率是纯合饲粮中的 1/2，这样估计是可靠的。为确保标准饲粮中镁的适宜含量，基于这些数据，幼犬镁的推荐供给量可认为是含镁 23.9mg/1 000kJ ME。这样的镁浓度可以给一只生长期的幼犬提供镁 18mg/(kg BW·d)，即 27.4mg/(kg BW$^{0.75}$·d)。

数据表明，采食含镁约 1.0g/kg 的商品湿粮的成年犬，其镁的摄入量是 17.2mg/(kg BW·d)，且测得镁的表观吸收率是 14%，则可提供镁的表观吸收量为 2.0mg/(kg BW·d)。可知一只成年犬镁的真实需要量，把镁生物利用率设为 30%，则成年犬镁的推荐供给量为10mg/（kg BW · d），即19.7mg/（kg BW$^{0.75}$ · d）。含镁35.8mg/1 000kJ ME 的饲粮可以提供一只体重为15kg、每天消耗ME 4 184kJ 的成年犬上述数量的镁。

2.犬妊娠期和泌乳期的需要量和供给量

通过总结之前的一些研究，实验者推荐妊娠期和泌乳期母犬的日供给量分别为15和23mg/（kg BW · d）。而哺育较大幼犬的中型母犬泌乳期的镁摄入量高达 32mg/（kg BW · d），即69mg/（kg BW$^{0.75}$ · d）。这个推荐量以假定镁的生物利用率是30％为前提。为了满足镁的日推荐量，一只体重为22kg、哺育8只幼犬的母犬泌乳高峰期需要含镁35.8mg/1 000kJ ME 的饲粮。这种饲粮毫无疑问也能满足妊娠需要。

（四）钠

1.幼犬的需要量和供给量

据估计，4 周龄的幼犬体重每增重1kg，钠的摄入量约为100mg/d，即100mg/（kg BW$^{0.75}$ · d）。含钠131.4mg/1 000kJ ME 的日粮，可满足体重为 5.5kg、每天消耗 ME 4 184kJ 的幼犬的需要。

2.成年犬的需要量和供给量

成年犬钠的最低需要量约为4.4mg/（kg BW · d），饲粮中合理的钠浓度应为4.6 ～ 11.5mg/（kg BW · d），即300 ～ 900mg/kg（DM 基础）。含钠17.9mg/1 000kJ ME 的饲料，可以满足体重为15kg、每天消耗 ME 4 184kJ 的成年犬的钠的最低需要量。用约为40％的钠真实吸收率来解释能量摄入或钠吸收率的差异，推荐供给量可约为13.3mg/（kg BW · d），即26.2mg/（kg BW$^{0.75}$ · d）。含钠47.8mg/1 000kJ ME 的饲粮，可满足体重为15kg、每天消耗 ME 4 184kJ 的成年犬的需要。

3.犬妊娠期和泌乳期的需要量和供给量

据估计，母犬妊娠期和泌乳期钠的推荐供给量分别约为105和145mg/（kg BW · d）。为哺育8只幼犬的泌乳高峰期的中型母犬设定的饲粮钠含量是145mg/kg，这个数据包括估计的内源钠损失和假定的75％生物利用率，既然在大多数情况下钠的吸收率高于90％且内源钠损失很少，那么妊娠期和哺乳期犬的适宜摄入量可能分别为接近80和110mg/（kg BW · d），即173和238mg/（kg BW$^{0.75}$ · d）。根据这些假设，体重为22kg、喂养8只幼犬的母犬推荐日粮的钠浓度应为119.5mg/1 000kJ ME（含钠2g/kg，含 ME 16 736kJ/kg）。尽管妊娠后期的供给量会低些，但是上述饲粮仍然适用于妊娠期和泌乳期母犬。

（五）钾

1.幼犬的需要量和供给量

4周龄哺乳幼犬消耗钾约160mg/（kg BW · d），消耗ME约185kJ/（kg BW · d）。如果一

只体重为5.5kg的幼犬需要钾为160mg/(kg BW·d)，那么含有钾0.21mg/1 000kJ ME 的饲粮可以满足这个需求。因此，幼犬钾的适宜摄入量大约为 200mg/(kg BW·d)，即300mg/(kg BW$^{0.75}$·d)。含钾262mg/1 000kJ ME 的饲粮可满足一只体重为5.5kg、每天消耗ME 4 184kJ的幼犬的钾的需要。

2.成年犬的需要量和供给量

含有钾258mg/1 000kJ ME 的饲料可以给一只体重为15kg、每天消耗ME 4 184kJ 的成年犬提供足量的钾。

3.犬妊娠期和泌乳期的需要量和供给量

假定对钾的吸收率为80%，妊娠母犬在妊娠的最后几周的钾供应量为93～95mg/(kg BW·d)。妊娠期的能量需要推荐量为含钾234mg/1 000kJ ME，这可当作妊娠期钾的推荐供给量。一只体重为22kg、喂养8只幼犬的母犬，其日粮中钾的允许量应为165mg/(kg BW·d)，假设饲粮的利用率为 80%～85%。考虑到能量摄入量差别和由粪便排出的钾的数量增加，泌乳期钾的推荐供给量设定为200mg/(kg BW·d)，即430mg/(kg BW$^{0.75}$·d)。因此，一种含钾215mg/1 000kJ ME 的日粮，可满足体重为22kg、喂养8只幼犬且每天消耗 ME 20 920kJ 的母犬的需要。

（六）氯

1.幼犬的需要量和供给量

推荐4周龄幼犬的钠摄入量为100mg/kg，如果完全以氯化钠的形式，这就可以表示氯的摄入量为150mg/(kg BW·d)。幼犬对氯的适宜摄入量可能为0.72g/kg，该饲粮含 ME 16 736kJ/kg，能提供氯约130mg/(kg BW·d)，即200mg/(kg BW$^{0.75}$·d)。

2.成年犬的需要量和供给量

通常动物对氯的适宜摄入量由钠的需要量来确定。饲粮钠的推荐量约为13.3mg/(kg BW·d)。如果这是以氯化钠的形式，那么饲粮中提供氯为 20mg/(kg BW·d)，即40mg/(kg BW$^{0.75}$·d)，可以为体重为15kg且每天消耗 ME 4 184kJ 的幼犬提供足够的氯。这种饲粮中含氯为71.7mg/kJ ME。

3.犬妊娠期和泌乳期的需要量和供给量

基于钠供应量来确定氯的适宜摄入量是可取的。假设排泄物量对吸收率的影响是合理的，那么泌乳期的钠推荐量110mg/(kg BW·d)。含钠119.5mg/kJ ME 的饲粮能为一只体重为22kg并哺育8只幼犬、每天消耗ME 20 920kJ 的母犬提供足够的氯。基于此，氯摄入量为165mg/(kg BW·d)，即358mg/(kg BW$^{0.75}$·d)，这也意味着，这只母犬对氯的适宜摄入量可以由含氯179mg/kJ ME 的饲粮提供。在妊娠后期，这种饲粮氯的供给量很可能超过相似体型母犬对氯的需要量。

二、猫的需要

（一）钙

1.幼猫的需要量和供给量

相比于犬，猫的钙需要量种属差异要小得多。然而，和犬一样，幼猫对钙的需要量随年龄增长而降低。当钙磷比适中时，幼猫的钙需要量为200～400mg/d。当用含钙6.7g/kg（DM基础）的纯合饲料喂15周龄的幼猫时，钙的摄入量为300mg/(kg BW·d)，表观吸收率约为40%；39周龄时，猫的采食量降至120mg/(kg BW·d)，表观吸收率降至约10%。

标准饲粮中钙的利用率低。假设生长期幼猫的真吸收率为50%，则内源排泄损失钙为20mg/(kg BW·d)。假设饲喂纯合饲粮的真吸收率为75%，对于生长幼猫钙的推荐供给量可设为440mg/(kg BW·d)，即410mg/(kg BW$^{0.67}$·d)。含钙478mg/1 000kJ ME的饲粮可满足体重为800g、每天消耗 ME 753.12kJ 的幼猫的钙的需求。

2.成年猫的需要量和供给量

成年猫一般处于零钙平衡，即尿钙损失为1mg/(kg BW·d)，内源粪钙损失为 20mg/(kg BW·d)。假设真吸收率最大为90%，成年猫钙的 MR 约为25mg/(kg BW·d)，即40mg/(kg BW$^{0.67}$·d)。含钙956mg/1 000kJ ME [含 Ca 1.6g/kg（DM基础）、含 ME 16 736kJ/kg（DM 基础）]的饲粮，就可满足一只体重为4kg、每天消耗 ME 1 046kJ 的成年猫的最小钙需要量。假设表观吸收率平均为45%，则成年猫的饲粮钙的推荐供给量为45mg/(kg BW·d)，即71mg/(kg BW$^{0.67}$·d)。

3.猫妊娠期和泌乳期的需要量和供应量

目前还没有关于妊娠母猫钙需求的试验数据。然而，含足够钙的饲粮(含钙478mg/1 000kJ ME)可满足生长期幼猫的需求，只要摄入足够的能量，应该就可提供足量钙，来满足维持和妊娠需要。

只有少量试验数据有关哺乳母猫的钙需要量。假设钙的利用率为35%，哺育 4 只幼猫的母猫在泌乳高峰期的钙的需要量为 358 mg/(kg BW·d)，即565 mg/(kg BW$^{0.67}$·d)。一只体重为 4kg、哺育4只幼猫的母猫，在泌乳高峰期钙的总需要量为 1.43g/d。含钙640mg/1000 kJ ME 的饲粮可满足上述要求。

（二）磷

1.幼猫和成年猫的需要量和供给量

幼猫采食标准饲粮通常每天都要消耗400mg的磷。幼猫和成年猫磷的最低需要量分别是270和22mg/(kg BM·d)，即251和35mg/(kg BW$^{0.67}$·d)；推荐供给量分别是幼猫

400mg/(kg BW · d)，即372mg/(kg BW$^{0.67}$ · d)，成 年 猫40mg/(kg BW · d)，即63mg/(kg BW$^{0.67}$ · d)。一种含磷430mg/1 000kJ ME 的饲粮，可提供一只体重为800g、每天消耗 ME 753.12kJ 的幼猫磷的需要。一种含磷153.5mg/1 000kJ ME的饲粮，可满足一只体重为4kg、每天消耗 ME 1 046kJ的成年猫磷的需要。

2.猫妊娠期和泌乳期的需要量和供给量

含磷4.9g/kg（DM基础）和含 ME 16 736kJ/kg的饲粮能为体重为4kg、哺育4只幼猫的母猫提供磷165mg/(kg BW · d)，即261mg/(kg BW$^{0.67}$ · d)，这也被视为猫在这个生命阶段磷的最低需要量。泌乳期母猫的饲粮中磷的推荐供给量可以设定为263mg/(kg BW · d)，即411mg/(kg BW$^{0.67}$ · d)。含磷454mg/1 000kJ ME的饲粮能满足体重为4kg、哺育4只幼猫、每天消耗 ME 2 259.36kJ的母猫的磷的需要。

（三）镁

1.幼猫和成年猫的需要量和供给量

对于一只体重为800g且每天消耗 ME 753.12kJ的幼猫，其镁的最低需要量是9mg/(kg BW · d)，即8. 3mg/(kg BW$^{0.67}$ · d)。成年猫的最低需要量估计为3.1mg/(kg BW · d)，即[4.9mg/(kg BW$^{0.67}$ · d)]，这个数据由平衡试验确定。平衡试验饲喂的日粮，包括含镁11.96、19.15、33.47、64.54mg/1 000kJ ME 的饲粮，并测定了镁存留量。这些数据显示，最低镁浓度足以导致机体接近零镁平衡。一种含镁200mg/kg和16 736kJ ME 的饲粮，可提供一只体重为4kg且每天消耗 ME 1 046kJ的成年猫的最低需要量。

幼猫镁的表观吸收率平均为60%～80%，而成年猫降低至20%～40%，但这依赖于试验条件。幼猫和成年猫镁的推荐供给量可分别设为13和4mg/(kg BW · d)。含镁14.35mg/1 000kJ ME 的饲粮，可满足一只体重为800g且每天消耗 ME 753.12kJ 的幼猫和一只体重为4kg且每天消耗 ME 1 046kJ成年猫的镁的需要。

2.猫妊娠期和泌乳期的需要量和供给量

含镁29.87mg/1 000kJ ME的饲粮可以为一只体重为4kg、哺育4只幼猫且每天消耗 ME 2 259.36kJ、在泌乳高峰期的母猫提供镁20mg/(kg BW · d)，即32mg/(kg BW$^{0.67}$ · d)。

（四）钠

1.幼猫的需要量和供给量

通过利用基于血浆醛固酮浓度的虚线技术，估计生长期幼猫钠的需要量和供给量。推荐饲粮钠浓度1.6g/kg为最低需要量。由于饲粮的热量较高（21 757kJ/kg），钠浓度则为73.9mg/1 000kJ ME。这可能高估了实际的最低需要量，因为醛固酮的增加是一种生理机制，用来保存钠并确保在低摄入量时的正常。体重为800g、每天消耗 ME 180kJ的幼猫的钠需要量为70mg/(kg BW · d)，即65mg/(kg BW$^{0.67}$ · d)。既然用醛固酮的浓度可能会高估钠的最低需要量，那么最低需要量和推荐供给量的差异就显得不是十分必要了。然而，环境和标准饲粮的变化都能引起粪便内钠含量的增加，那么在估计推荐供给量时考虑增加10%是合理的。这可以给体重为800g、每天消耗ME 180kJ的幼猫提供钠80mg/(kg BW·d)。钠离子细胞内外转运如图5-21所示。

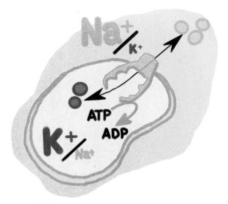

图5-21　钠离子细胞内外转运

2.成年猫的需要量和供给量

根据对幼猫的研究推断，给成年猫饲喂含钠大约21mg/(kg BW·d)的纯合饲粮来估计其对钠的需要量。在较年轻的成年猫中，发现其对钠的需要量为669.44mg/1 000kJ ME。在这项研究中，用醛固酮的浓度来确定最低需要量，正如前述，这样有可能高估最低需要量。

根据这些数据，体重为4kg、每天消耗ME 1 064kJ的猫，其钠的需要量为10mg/(kg BW·d)，即16.0mg/(kg BW$^{0.67}$·d)。猫对钠的吸收率一直为95%以上，假定钠吸收率的最低值为85%，那么成年猫的推荐供给量是10.6mg/(kg BW·d)，即16.7mg/(kg BW$^{0.67}$·d)。含钠711.28mg/1 000kJ ME的饲粮，可以满足体重为4kg、每天消耗ME 1 064kJ的成年猫的需要。

3.猫妊娠期和哺乳期的需要量和供给量

妊娠期和哺乳期的猫需要特别关注钠的供给量，以确保其健康和胎儿或幼猫的正常发育。假定利用率为95%，包括维持需要量，钠的适宜摄入量约为90mg/(kg BW·d)，即142mg/(kg BW$^{0.67}$·d)，这可以由含钠159.9mg/1 000kJ ME的饲粮来提供。

（五）钾

1.幼猫的需要量和供给量

生长期幼猫对钾的最低需要量约为159mg/1 000kJ ME，那么含钾2.7g/kg并且含ME 16 736kJ/kg的饲粮，至少能为体重为800g、每天消耗ME 753.12kJ的幼猫提供钾150mg/(kg BW·d)，即140mg/(kg BW$^{0.67}$·d)。如果饲粮中有更高浓度的蛋白质，钾的最低需要量也会更高，因为需要增加钾来维持酸碱平衡。

推荐供给量应考虑到各种因素的变异，如蛋白质摄入量增加的代谢效应或各种盐添加剂对生物利用率的影响。为确保猫的正常发育，生长期幼猫对钾的推荐供给量应设在225mg/(kg BW·d)，即209mg/(kg BW$^{0.67}$·d)。含239mg/1 000kJ ME的饲粮，可以满足体重为800g、每天消耗ME 753.12kJ的幼猫的钾的需要。

2.成年猫的需要量和供给量

成年猫的钾摄入量为97mg/(kg BW·d)。钾浓度为5g/kg、ME含量约为17 572.8kJ/kg的饲粮含钾310mg/1 000kJ ME。给猫饲喂这样的饲粮，可以为体重为4kg且每天消耗ME 250kJ的猫提供钾约80mg/(kg BW·d)，即130mg/(kg BW$^{0.67}$·d)，这也被认为是成年猫的适宜摄入量。

3.猫妊娠期和哺乳期的需要量和供给量

如果猫妊娠期和哺乳期的能量摄入正常，那么猫生长期钾的推荐供给量有可能能够满足泌乳期间的需要。对钾的适宜摄入量可以设定为225mg/(kg BW·d)，这可以由含钾425mg/1 000kJ ME的饲粮来提供。体重为4kg、哺育4只幼猫的母猫钾的需要量可以设定为175mg/(kg BW·d)，即277mg/(kg BW$^{0.67}$·d)。

（六）氯

1.幼猫的需要量和供给量

幼猫对氯的最低需要量是1.0g/kg（DM基础）。幼猫氯的推荐供给量是0.98g/kg，纯合饲粮含氯为45mg/1 000kJ ME，它被认为是幼猫氯的最低需要量，这确保了它们在生长过程中获得足够的氯以支持正常的生理功能和发育。基于这些数据，体重为800g、每天消耗ME 753.12kJ幼猫的氯的最低需要量为45mg/(kg BW·d)，即42mg/(kg BW$^{0.67}$·d)。饲粮中的氯可被高度利用；但在饲喂标准饲粮时，应考虑氯的吸收率或能量摄入中的变化。因此，体重为800g、每天消耗ME 753.12kJ幼猫的氯的最

图5-22　氯的需要

低需要量设为50mg/(kg BW·d)，即46.5mg/(kg BW$^{0.67}$·d)。含氯53.7mg/1 000kJ ME的饲粮可以满足上述要求。

2.成年猫的需要量和供给量

幼猫氯的推荐供给量是0.98g/kg，可作为设定成年猫适合氯浓度的基础。这样的饲粮可以为体重为4kg、每天消耗ME 1 046kJ的成年猫提供氯约15mg/(kg BW·d)，即23.7mg/(kg BW$^{0.67}$·d)。如果将成年猫的推荐供给量用来确定氯的需要，得到的氯浓度与上述的相近。

3.猫妊娠期和哺乳期的需要量和供给量

目前，没有猫妊娠期和哺乳期对氯需求的资料。因此，在钠的推荐量基础上来确定氯的需要量是合理的。因为不是所有的钠都与氯结合，所以估计值会高于实际的需要量。在妊娠期，钠的适宜摄入量是47mg/(kg BW·d)，那么氯的适宜摄入量应该为

70mg/(kg BW · d)，即111mg/(kg BW$^{0.67}$ · d)。含氯124.2mg/1 000kJ ME的饲粮应该可以满足体重为4kg、每天消耗ME 2 259.36kJ妊娠末期的母猫对氯的需要。这个数据高于妊娠期猫对氯化物的实际需要量。

对哺乳期的母猫，钠的推荐供给量为90mg/(kg BW · d)，那么氯的推荐供给量应该为135mg/(kg BW · d)，即213mg/(kg BW$^{0.67}$ · d)。含氯239mg/1 000kJ ME的饲粮可以满足一只体重为4kg、哺育4只幼猫且每天消耗ME 2 259.36kJ母猫对氯的需要。

第六章

伴侣动物营养与健康

肠道菌群的改善

犬猫肠道菌群的组成

犬和猫肠道内寄居着大量复杂的微生物，这些微生物构成了肠道微生态系统。肠道微生物的功能包括防御非寄居肠道病原菌，有助于宿主肠道上皮和免疫系统的健康发育，通过自身的发酵和代谢活性为宿主提供营养。

在犬猫肠道内的微生物中，99%以上都是细菌，存活的细菌数量大约有一百万亿个，种类有500～1 000个。这些数目庞大的细菌大致可以分为三个大类：有益菌、有害菌和中性菌。

有益菌，也称益生菌，主要是各种双歧杆菌、乳酸杆菌等，是动物健康不可缺少的要素，它们可以合成各种维生素、参与食物的消化、促进肠道蠕动、抑制致病菌群的生长、分解有害和有毒物质等。

有害菌一旦增殖失控，它们将大量生长。这类细菌的大量生长会引发多种疾病，产生致癌物等有害物质，或者影响免疫系统的功能。

中性菌也就是具有双重作用的细菌，如大肠杆菌、肠球菌等，在正常情况下对健康有益，一旦增殖失控，或从肠道转移到身体其他部位，就有可能引发许多问题。

动物健康与肠道内的益生菌群息息相关。肠道菌群在长期的进化过程中，通过个体的适应和自然选择，菌群中不同种类之间，菌群与宿主之间，菌群、宿主与环境之间，都处于动态平衡的状态中，形成一个互相依存、相互制约的系统。

1.犬

犬的肠道细菌对它们的消化和健康有着重要作用，可以分为小肠和大肠两个主要部分，每个部分的细菌种类和数量各不相同。在小肠中，细菌数量通常在 $10^2 \sim 10^5$ CFU/g，但有些研究发现可能高达 10^9 CFU/g。小肠的主要细菌类型是需氧菌和兼性厌氧菌，它们帮助初步分解食物和吸收营养。不同的小肠部位有不同的优势菌群，例如十二指肠和空肠中主要是梭菌目（Clostridiales），而回肠中的优势菌群是梭杆菌目（Fusobacteriales）和拟杆菌目（Bacteroidales）。

与小肠相比，大肠中的细菌数量显著增加，通常在 $10^8 \sim 10^{11}$ CFU/g。大肠内的环境更适合细菌生长，因此细菌的数量远高于小肠。大肠中的主要细菌类型是厌氧菌，能够在没有氧气的环境下良好生长。在结肠中，主要的菌群包括厚壁菌门（Firmicutes）、变形菌门（Proteobacteria）、梭杆菌门（Fusobacteria）和拟杆菌门（Bacteroidetes），这些细菌帮助消化纤维并生成短链脂肪酸，从而支持肠道健康。而盲肠中的优势菌群也类似，主要包括厚壁菌门、拟杆菌门、梭杆菌门和变形菌门。

在肠道的不同部分，细菌的种类和数量都有所不同，反映了它们在消化过程中的不同功能。需氧菌和兼性厌氧菌在小肠中占主导地位，而厌氧菌则是大肠中的主要菌群。这些细菌通过帮助分解食物、生成有益物质、保持肠道菌群平衡，支持犬的消化健康。此外，乳杆菌目（Lactobacillales）在整个肠道中都有存在，它们有助于保持肠道菌群平衡，增强犬的免疫系统。

2.猫

大量研究表明，与其他哺乳动物相似，猫肠道内优势菌门包括厚壁菌门、变形菌门、拟杆菌门和放线菌门，然而有关文献报道的这些菌门类菌群比例在不同品种及个体间差异很大。

基于鸟枪法454-焦磷酸DNA测序技术的一项研究评测了健康成年猫粪便微生物组成。结果显示，优势菌门包括厚壁菌门（36%～50%）、拟杆菌门（24%～36%）和变形菌门（11%～12%）。细菌是猫粪便中优势微生物，比例为99%，其次是真核生物和真菌，分别为0.9%和0.1%。

犬和猫肠道微生物优势菌门与人类和啮齿动物模型相似，都是厚壁菌门和拟杆菌门。关键的不同之处是犬和猫肠道菌群（粪便或肠道）中的优势梭杆菌门，尽管此菌门类菌不是寄居于肠道内最大的菌属，但它常占10%或更多的序列。

一般来说，猫和犬的肠道菌群组成相似。厚壁菌门、拟杆菌门、变形菌门、梭杆菌门和放线菌门是猫和犬肠道中的主要微生物群。

然而，一些研究注意到猫与犬之间的肠道菌群还是存在某些差异。与猫相比，在犬肠道中增加的细菌门是肠球菌属、梭杆菌属、巨单胞菌属。而在猫肠道中的细菌门较多，包括另枝菌属（*Alistipes*）、双歧杆菌属（*Bifidobacterium*）、肉食杆菌属（*Carnobacterium*）、柯林斯菌属（*Collinsella*）、粪球菌属（*Coprococcus*）、脱硫弧菌属（*Desulfovibrio*）、普拉梭菌（*Faecalibacterium prausnitzii*）、颤螺菌属（*Oscillospira*）、副乳杆菌属、消化球菌属、消化链球菌属、瘤胃球菌属和萨特氏菌（*Sutterella*）。

猫和犬之间的肠道菌群差异在真菌微生物组中也很明显，念珠菌（*Nakaseomyces*）在犬肠道中占主导地位，而酵母菌、曲霉属和青霉属在猫肠道中含量更高。这种差异可能是由于微生物组对不同饮食的适应性不同引起。

肠道菌群的作用

动物体内的肠道菌群数量庞大，类型复杂，与动物体内形成了一种"互惠互利"的共生关系。它们的生长依赖于动物体内提供的丰富营养和相对安全的环境；同时，它们也在动物体内形成了一套井井有条的工作网络，在维护身体健康、促进正常发育等方面发挥着至关重要的作用。

1. 生物拮抗作用

正常菌群能够在肠道中特定部位"安家落户"，即黏附、定植和繁殖，这个时候，菌群就能够在定植的部位表面形成一层"菌膜屏障"。这层"菌膜屏障"就像是肠道表面的一层保护伞，对于流经消化道的外源性微生物（包括许多外源性病原体）形成了一种天然的隔绝，通过竞争、消化和分泌各种代谢产物和细菌素等，抵抗外源微生物定植和侵袭（图6-1）。

机体内的正常菌群通过这种拮抗作用，抑制并排斥机体不慎食入的病原菌在肠道的"安家落户"，维持体内微生态的平衡状态，使机体免于感染致病菌。

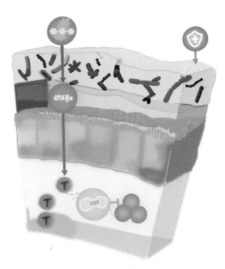

图6-1 肠道屏障

2. 营养作用

肠道菌群在肠道中不仅扮演着"卫兵"的作用，还能够促进肠道组织的发育、参与肠道营养物质的代谢，以及合成机体所需的重要营养物质。肠道细菌参与代谢，产生的短链脂肪酸为肠道上皮细胞的生长发育提供营养支持，促进肠道上皮的生长与分化。

肠道菌群还参与合成动物生长发育必需的氨基酸、维生素等，如B族维生素、维生素K等。此外，肠道中微生物还能够促进机体对钙、铁、镁、锌等多种离子的吸收，这些离子对于促进身体某些结构（如骨骼、牙齿等）的生长与发育，以及体内氧的输送等有重要作用。

3. 代谢作用

肠道菌群还能够为动物机体的某些代谢过程提供重要的"催化剂"——酶类，通过发酵和降解多糖（淀粉、纤维素、半纤维素、胶质等）及不能被宿主吸收的寡糖，产生一些短链脂肪酸，如乙酸、丙酸、丁酸等，这些脂肪酸都是宿主生长、细胞增殖的能量和生化反应的重要底物。此外，肠道菌群还以其他各种各样的方式协助机体对于糖类、脂类、氨基酸、维生素、胆固醇及诸多外来化合物的代谢。

骨代谢是在各种骨细胞参与下对骨骼进行不断修复和重塑的动态过程。骨代谢的平衡对于维持骨密度及骨强度等具有重要意义。肠道菌群被认为是机体内的第二大基因库，在维持动物健康方面发挥重要作用。肠道菌群是一个复杂的微生态系统，可以通过调节机体代谢、免疫系统及内分泌等多种方式维持动物的骨骼健康。

4.免疫作用

肠道细胞发挥着类似皮肤的免疫屏障作用，阻止致病因素经过肠道时对机体造成损害。同时，肠道正常菌群发挥着刺激机体免疫系统发育、激活细胞免疫等作用。研究发现，肠道中的两大代表性有益菌——乳酸杆菌和双歧杆菌，它们的活菌体和菌体中的一些成分（破碎液、发酵液）都能够起到增强机体免疫的作用。此外，双歧杆菌能通过刺激免疫细胞产生重要的细胞因子白介素来促进动物机体内重要的免疫细胞——淋巴细胞的增殖、分化、成熟，增强免疫细胞对病原体的杀伤力。

肠道菌群被认为是调节宿主健康的关键因素之一，这些微生物通过多种途径参与宿主消化吸收、能量代谢和免疫防御应答等多项生理活动，直接或间接调控宿主神经、免疫、内分泌、呼吸系统等的功能，进而影响犬猫整体健康状态。例如，胃肠道中部分微生物可发酵降解宿主不能消化的膳食纤维、抗性淀粉，发酵产物短链脂肪酸可为结肠细胞或其他组织提供能量，有利于受损肠黏膜细胞的修复和生长；肠道正常菌群可通过营养竞争、占位效应等方式抑制条件致病菌的过度生长和外来致病菌的入侵，并通过上调肠上皮细胞紧密连接蛋白的表达及免疫球蛋白和免疫因子含量，影响肠道黏膜免疫和宿主免疫，提高机体对疾病的抵抗力。

正常情况下，肠道微生物种群与宿主相互依存、相互制约，维持肠道动态的生态平衡，但一旦平衡状态被打破，可能导致宿主出现肠道紊乱及其他疾病，包括肥胖、糖尿病、肝脂肪变性、炎症性肠病、肾脏疾病等。例如，健康犬粪便中拟杆菌门比例较高，而腹泻犬粪便中有益菌如乳酸杆菌、双歧杆菌和肠球菌数量下降，肠杆菌等致病菌数量有增加趋势；急性和慢性胃肠道疾病（如慢性结肠炎）与小肠和粪便微生物群落的改变密切相关，因此，肠道菌群的种类和数量在某种程度上可作为动物健康的评价指标。

第三节

肠道菌群的影响因素

影响肠道菌群的因素很多，包括饮食、疾病、与人类的密切互动等（图6-2）。

1.饮食

饮食被认为是影响哺乳动物肠道微生物多样性和功能特征的主要驱动力之一。通过饮食摄入的营养物质不仅可作为宿主的营养成分，也可为其肠道微生物提供营养。

近年来，给犬猫饲喂生肉基础的饮食普遍流行，代替了便捷的商业干粮。但生肉基础饮食会引起犬猫肠道菌群变化。Bermingham等（2017）研究发现，饮食严重影响犬粪便23个菌科和53个菌属，饲喂肉类饮食，犬粪便菌群中拟杆菌属、普氏菌属、消化链球菌属和粪杆菌属

图6-2　肠道菌群的影响因素

（*Faecalibacterium*）丰度降低，而梭杆菌属（*Fusobacterium*）、乳杆菌属、梭菌属更丰富。Butowski等（2019）研究发现，饮食改变了猫粪便31个细菌类群，饲喂生肉饮食猫粪便菌群中梭杆菌属和梭菌属相对丰度升高，在生肉基础饮食中添加膳食纤维可使它们的相对丰度降低。Deusch等（2014）研究了两种不同蛋白质和碳水化合物含量饮食对生长期幼猫粪便微生物的影响，结果发现，饲喂两种饮食的猫粪便微生物中324个菌属的丰度具有显著差异，说明饮食可引起肠道菌群结构的广泛变化。猫：不同碳水化合物来源的饮食会影响肠道微生物组成，甘薯和木薯饮食倾向于增加肠道微生物群的多样性。幼犬：饮食干扰可能通过产生短链脂肪酸和维生素影响微生物的组成和活性。这些化合物在胎儿的发育和幼犬的最初生长过程中起着重要作用。

2.疾病

肥胖、糖尿病以及胃肠道疾病等健康问题都会显著影响犬猫的肠道菌群组成。

肥胖会导致有益菌的减少和一些特定菌群的增加，而糖尿病和胃肠道疾病则常常伴随肠道菌群的失调和多样性的降低。Handl等（2013）通过16S rRNA基因测序和实时定量PCR法分析了22只瘦弱犬和21只肥胖犬的粪便菌群，结果发现肥胖犬的放线菌门和罗氏菌属显著增多。同样与瘦弱猫相比，肥胖猫的粪便菌群中，梭杆菌门、拟杆菌门和梭菌集群XIVa的丰度降低，而肠杆菌科的丰度则明显升高。这些变化表明，肥胖会对犬猫的肠道菌群组成产生深远的影响。另外，患有糖尿病的犬肠道菌群失调，肠杆菌科的比例显著升高，且粪便中未结合的胆汁酸浓度发生变化。同样，患有2型糖尿病的猫肠道菌群的多样性也明显降低，尤其是产生丁酸的有益细菌急剧减少，这可能会进一步加重病情并影响猫的健康。

肠道疾病对肠道菌群也有很大影响。例如，Guard等（2015）发现，患有急性腹泻的犬的粪便中梭菌属某些种类显著增加，而拟杆菌门、粪杆菌属和瘤胃球菌科未分类属的丰度显著降低。Marsilio等（2019）通过高通量测序分析了38只健康猫和27只患有慢性肠病的

猫（包括13只患炎性肠病的猫和14只患小细胞淋巴瘤的猫）的粪便菌群，结果发现患病猫的粪便菌群多样性显著降低。其中，厚壁菌门（如瘤胃球菌科和Turicibacteraceae）、放线菌门（如双歧杆菌属）和拟杆菌门的丰度均显著下降，而肠杆菌科和链球菌科这些兼性厌氧菌的丰度则明显增加。

3. 与人类的互动

饮食变化、接触抗生素、减少与自然的接触及与人类的密切互动，这些是驯化所带来的重大变化，这些变化可能已经对动物的肠道微生物群落产生了影响。有研究调查了人工选择和与人类密切接触对犬肠道菌群的影响，比较了基于16S rRNA基因测序的犬类与人类和狼的核心肠道菌群。对比结果表明，狼核心肠道菌群中的6个细菌属另枝菌属（*Alistipes*）、假单胞菌属（*Pseudomonas*）、史雷克氏菌属（*Slackia*）、罕见小球菌属（*Subdoligranulum*）、真杆菌属（*Eubacterium*）和肠巴氏杆菌属（*Barnesiella*）在已被驯化的犬核心肠道菌群中丢失，而犬核心肠道菌群又获得了另外5个微生物类群，包括多尔氏菌属（*Dorea*）、副拟杆菌属（*Parabacteroides*）、链球菌属（*Streptococcus*）、拟杆菌属（*Bacteroides*）和梭菌属（*Clostridium*）的未分类成员，它们是人类核心肠道菌群的典型组成部分。这些发现表明，从自然和未驯化的生活方式到与人类同居的转变，驯化犬的肠道微生物群落得到了调节。

4. 细菌

群体感应（QS）是细菌通过信号分子进行相互交流和调节集体行为的一种机制，研究表明它对肠道菌群有显著影响。通过群体感应，细菌可以调控肠道菌群的组成和功能，从而影响营养吸收和肠道健康。群体感应机制不仅在有害细菌中发挥作用，还在益生菌中起到积极作用。有害细菌通过QS机制分泌毒力因子来威胁宿主的健康，进而可能导致疾病；而益生菌则通过QS机制抑制有害细菌的生长，维持肠道菌群的平衡，从而起到保护宿主的作用。

此外，研究发现，通过QS机制介导的益生元（如葡聚糖、果聚糖、甘露糖、果胶等）能够有效地促进肠道健康。这些益生元在进入肠道后能够被细菌利用，进一步调节肠道内的细菌种群结构，有利于促进有益菌的繁殖，抑制有害菌的生长，从而维持肠道健康，增强宿主免疫力。

第四节

益 生 菌

世界卫生组织对益生菌的定义为在体内定植达到一定数量时可使机体受益的活体微生物（图6-3）。益生菌可通过多种途径调理肠道健康，而最主要途径体现在改善肠道微

生态平衡上。在功能性宠物食品或益生菌类产品中研究较多的益生菌为乳酸杆菌和双歧杆菌。

益生菌通过多种机制发挥作用，主要包括：

（1）直接增加有益菌的数量，通过生物夺氧、改变酶活性等方式竞争营养物质，抑制病原菌定植。

（2）与宿主肠道中病原菌竞争作用位点，干扰潜在病原体对肠黏膜的黏附。这种机制一般具有菌株特异性，如有的菌株对鼠李糖乳杆菌具有较强的黏附力，而有的菌株能增强病原菌对肠道的黏附力。

（3）产生脂肪酸、乳酸、乙酸等多种抗菌物质，可改善肠道内碱性环境，抑制病原菌增殖。

图6-3　益生菌

在治疗和管理患有胃肠道疾病的宠物时，益生菌也发挥着重要作用。在一项急性特发性腹泻的研究中，观察到双歧杆菌（AHC7）能够显著减少临床治愈天数。结果显示，嗜酸乳杆菌、酸性乳杆菌、枯草芽孢杆菌、地衣芽孢杆菌和发酵乳杆菌的混合益生菌能明显缩短犬急性腹泻的康复时间。进一步研究发现，将双歧杆菌（AHC7）用于应激犬，能显著增加肠道内双歧杆菌和乳酸杆菌的数量，减缓应激引起的肠胃不适和腹泻。老年宠物群体更容易出现胃肠道紊乱和微生物失衡，而复合益生菌（干酪乳杆菌Zhang，植物乳杆菌P-8和动物双歧杆菌V9亚种）可显著增加老年犬肠道中有益菌（乳酸杆菌属和粪杆菌）相对丰度和减少潜在有害细菌（大肠杆菌和萨特氏菌属）数量，并刺激抗体和细胞因子的分泌，增强老年犬免疫力，改善健康状态。

在选择益生菌时，需要考虑的一个关键因素是益生菌抵抗胃肠道恶劣环境的耐受性，即通过胃肠道的存活率。然而有研究表明，益生菌在通过胃肠道后可能全部随粪便排出，因此，益生菌对肠道上皮的特异性黏附性是决定益生菌发挥功效的另一个重要因素。有学者认为，宿主源性微生物可能是最佳的益生菌制剂来源，原因是从动物自身分离的益生菌可能更易于定植于肠道中。

第五节

益　生　元

益生元被定义为"能被宿主肠道微生物选择性利用，影响宿主肠道菌群的组成和/或活动，对机体健康产生有益作用的物质"（图6-4）。通常，益生元被归类为可发酵纤维，其不能被宿主内源性消化酶消化，但能被肠道微生物选择性发酵，引起肠道菌群组成或活性的特定变化，改善宿主健康。益生元种类主要有双糖（乳果糖）、低聚糖或多糖（果寡糖、甘露寡糖、木寡糖、聚葡萄糖、低聚半乳糖）及长链益生元，比较常见的有果寡糖、甘露寡糖、低聚半乳糖和菊粉等。

商品化的益生元已被应用到犬猫食品中。研究表明，在猫和犬日粮中添加低聚果糖、半纤维素和果胶等益生元，可以增加有益菌（如乳酸杆菌、双歧杆菌）含量，减少产肠毒素大肠杆菌和产气荚膜梭菌等有害菌含量。有研究发现，饲喂果聚糖、甘露寡糖

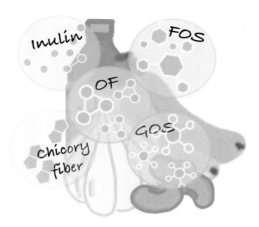

图6-4　益生元

和低聚半乳糖等益生元，猫粪便较为湿润，粪便pH下降，短链脂肪酸含量升高。粪便pH降低可能是后肠道微生物发酵产物（如乳酸和短链脂肪酸）的增加所致，pH降低会对微生物群和宿主产生多种影响，例如刺激有益细菌（如乳酸杆菌属）的生长，或增加矿物质的吸收等。程栋等（2009）在幼年藏獒上的研究结果也表明，低聚糖在一定程度上促进了幼年藏獒肠道菌群平衡、降低腹泻并提高粪便质量，以果寡糖的添加效果最佳。果寡糖和甘露寡糖可被犬猫肠道微生物高度发酵，是宠物食品工业中最常用的两种益生元。在犬猫日粮中添加一定量果寡糖和甘露寡糖可对胃肠道健康产生有益影响，包括增加有益菌数量，减少潜在致病菌数量，减少粪便中酚类、吲哚、氨等腐败化合物等。

Zentek等（2002）在成年犬饲粮中添加来自菊粉的非消化性低聚糖。结果显示，补充非消化性低聚糖组犬粪便pH降低，粪便评分更高，双歧杆菌的丰度提高，产气荚膜梭菌的丰度降低。Middelbos等（2007）给健康的成年犬分别饲喂低纤维饲粮和补充膳食纤维（7.5%甜菜浆）饲粮。结果显示，添加甜菜浆会降低犬肠道中梭杆菌门的丰度，提高厚壁菌门的丰度，说明饲粮中添加少量的膳食纤维可以影响犬肠道菌群的组成。Beloshapka等（2012）将菊粉或酵母细胞壁提取物添加到生肉饲粮中饲喂健康成年比格犬。结果显示，添加菊粉会提高比格犬肠道中乳酸杆菌的丰度，添加酵母细胞壁提取物会提高比格犬肠道中双歧杆菌的丰度。

以上研究结果表明，在犬、猫饲粮中添加益生元可以维持宿主的健康肠道稳态，减少肠道菌群紊乱的发生率。这说明益生元是犬、猫饲料添加剂产品中一种有应用前景的功能性添加剂。

虽然益生元可经微生物发酵产生具有多种益处的短链脂肪酸，但日粮中这些成分并不是越多越好。若不加限制地摄入可发酵纤维，可能导致犬猫出现软便或稀便。因为过多益生元将导致微生物发酵能力增强，短链脂肪酸增多，粪便pH降低，肠内渗透压升

高，通过结肠渗透调节作用，粪便中水分含量升高，进而出现软便情况。宠物干粮通常含有大量谷物和谷物副产品（如可溶性非淀粉多糖），这些非淀粉多糖容易发酵，增加大肠发酵负荷，导致粪便异常。因此，在制定以谷物为基础的日粮时，需要充分考虑益生元的添加量和其他谷物成分累积的有害影响。

第六节

合 生 元

2020年国际益生菌和益生元科学协会（International Scientific Association of Probiotics and Prebiotics，ISAPP）对合生元的定义：对机体健康有益的混合物，由能被宿主微生物选择利用的物质和活体微生物组成（图6-5）。因此合生元就是益生菌和益生元的组合，由活体微生物与能被宿主微生物选择利用的物质组成，有利于宿主健康的混合物。研究结果显示，益生菌–益生元组合可通过调节肠道菌群来改善宿主健康，某些特定的益生菌–益生元组合比仅含有益生菌或益生元的产品具有更佳的调节效果。

图6-5 合生元

研究表明，口服益生菌和益生元补充剂能够调节宿主肠道微生物组成及整体代谢，从而对宿主健康产生有益影响并改善代谢障碍。在益生元类物质中，寡糖在各种食品中显示出相当大的健康益处，其与益生菌的组合经过了全面的评估。通过添加寡糖，益生菌被证实可以增加特定短链脂肪酸的产生量，并通过调节代谢和免疫系统发挥改善宿主健康作用。食用益生元、益生菌和合生元可以通过肠–脑轴恢复高脂肪饮食和胰岛素抵抗引起的认知能力下降。

合生元不仅旨在引入有益的微生物，还旨在促进肠道中本土特异性菌株的增殖。合生元可选择性刺激一种或多种细菌增殖或激活其代谢，能改善益生菌在宿主胃肠道中的存活和定植，同时又能刺激肠道中固有微生物的增殖。每日饲喂含有2×10^9CFU的屎肠球菌（NCIMB 104154b1707）、46.4mg低聚果糖和阿拉伯胶的胶囊，可显著降低犬腹泻发生率，减少兽医干预和动物饲养成本；犬源发酵乳杆菌已被证明具有改善犬健康的作用，与菊多糖组成合生元可使犬粪便中乳酸杆菌相对丰度增加，梭状芽孢杆菌相对丰度降低，粪便pH下降。益生元与益生菌菌株的适当组合可对平衡犬猫肠道微生物群产生协同作用，从而改善消化健康、增强免疫功能并减少肠道疾病的发生。

第七节

后 生 元

后生元是指"对宿主有益的无生命微生物和/或其成分的制剂"，主要包括磷壁酸、短链脂肪酸、有机酸、肽和维生素等（图6-6）。后生元具有促进宿主消化代谢、调节肠道菌群平衡、保护肠道黏膜屏障、提高免疫力和调控肠－脑轴等生理功能。因为其保质期长、安全性高、稳定性好、能发挥益生菌活菌相似甚至更优的作用，而被医学和食品等领域推广使用，已经成为调节肠道菌群的新研究热点之一。研究

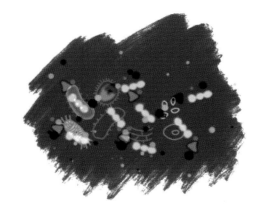

图6-6 后生元

发现，将3种犬源益生菌的活菌或灭活后的益生菌饲喂犬，发现灭活的益生菌也具有保护肠道黏膜屏障的作用，表明其也具有益生的潜力。在给健康犬饲喂灭活的粪肠球菌FK-23后，发现灭活后的粪肠球菌可以通过刺激体内非特异性免疫应答来提高宿主免疫力。

关于后生元对犬、猫肠道菌群影响的研究还比较少。未来还需要结合转录组学、蛋白组学和代谢组学等研究方法来探究后生元–宿主–肠道菌群的相关信号通路和潜在机制，为后生元作为功能性食品添加剂在犬、猫领域推广使用提供理论基础。同时，要明确后生元规模化生产的工艺流程及相关技术，来保证其能有效地发挥作用。

第八节

植 物 活 性 成 分

一、植物活性成分及其作用机制

植物活性成分指构成植物体内的物质除了水分、糖类、蛋白质类、脂肪类等必需物质外，还包括其次生代谢产物，如多酚类化合物、黄酮类化合物、植物精油、生物碱等。一些植物活性成分具有改善肠道组织形态、促进消化吸收的能力，还具有抗氧化、增强肠道屏障和维护肠道健康的功能，在动物生产中具有非常广泛的应用前景。

1.植物活性成分的抑菌机制

植物活性成分对细菌具有显著的抑制作用，抑制机理主要包括：①植物活性成分可以与细菌细胞膜或细胞壁产生作用，降解菌体细胞壁结构，使细胞膜的通透性增大，导致细胞内大分子内容物渗出，最终引起细菌失活死亡；②抑制菌体DNA、RNA和蛋白质的生物合成，导致细菌死亡；③植物活性成分能够进入细胞内，破坏细胞内线粒体等结构，抑制细胞呼吸作用，影响ATP合成途径，抑制细菌正常的生理活动，导致细菌死亡；④植物活性成分可以通过促进过氧化氢酶等抗氧化酶活性，抑制与自由基生成相关的氧化酶来促进自由基的催化与减少自由基的产生；⑤干扰细菌肽聚糖的合成，破坏细菌的形态结构，抑制细菌的生长；⑥提高机体对病菌的抵抗力，间接发挥抑菌作用。

2.植物活性成分促进肠道健康的机制

多糖类、多酚类、皂苷、精油及醇类提取物被证明有着显著改善机体肠道健康、提高肠道免疫的功能。其对肠道的改善作用主要包括：①提高十二指肠、空肠和回肠绒毛高度及绒毛高度和隐窝深度的比值，有效地改善机体的小肠黏膜形态，促进肠道发育；②改善肠道环境，刺激消化酶的分泌，增强消化酶活性，改善动物肠道消化机能；③促进肠道内双歧杆菌、乳酸杆菌等益生菌的生长，抑制有害菌的繁殖，维持肠道内菌群的稳定，促进肠道健康；④结合免疫细胞膜上的特异性受体，介导免疫细胞激活的信号通路，促进T/B淋巴细胞、巨噬细胞等细胞因子的分泌，维护肠道健康；⑤增加肠黏膜修复因子（EGFR、PCNA、TGFβ1）和紧密连接蛋白（Occludin、Claudin-1、ZO-1）mRNA的表达量，促进肠道修复，维护肠道健康。

肠道健康是动物健康生长的关键，维护犬猫肠道健康是犬猫饲养过程中的重要使命。

二、植物活性成分的种类及作用

植物活性成分包括类胡萝卜素、植物多糖、植物多酚类化合物、黄酮类化合物、植物精油等。这些成分不仅可以改善犬的肠道健康，还能通过多种机制增强其免疫力和抗氧化能力。

1.类胡萝卜素

自然界中已鉴定出600多种不同的类胡萝卜素，它们大量存在水果和蔬菜中。目前饲料企业已经使用类胡萝卜素作为颜色添加剂加入犬粮中。在给比格犬喂食不同量β-胡萝卜素时，发现血浆抗体免疫球蛋白IgG含量呈剂量依赖性增加，且会增加肠道免疫力。因此，添加一定剂量类胡萝卜素，不仅可以改善犬粮颜色，还能减少犬胃肠疾病发生的概率。Hall等(2010)将菠菜、番茄、葡萄、胡萝卜、柑橘果肉和其他抗氧化营养素混合制成犬粮，饲喂后发现有助于增加老年比格犬的中性粒细胞吞噬能力和B细胞数量。类胡萝卜素种类繁多且含有丰富的营养物质，不仅能满足动物生长发育的需求，且能为犬健康生长发挥保护作用，在临床应用中具有极大潜力。然而，其添加量和比例需要进一步研究验证，以确保最佳效果和安全性。

2.植物多糖

植物多糖是指植物提取物中含有10个以上糖基并以α/β-糖苷键连接的化合物，具有抗氧化（图6-7）、抗菌和免疫调节等多种生物学功能。关于植物多糖的抗氧化功能，一方面，多糖分子存在还原性半醛羟基和醇羟基，可与超氧离子自由基发生氧化还原反应或与金属离子螯合，减少细胞多余的活性氧产生；另一方面，植物多糖可提高动物机体抗氧化酶活性，增强肠道屏障功能和免疫功能、调节肠道菌群结构。通常认为，植物多糖作为一种不易被动物消化的碳水化合物，可以选择性地被肠道有益菌利用后产生大量的挥发性脂肪酸，降低肠道pH，抑制其他病

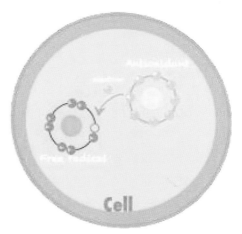

图6-7 植物多糖的抗氧化功能

原菌生长。此外，研究显示，植物多糖抗菌作用还与破坏细菌细胞壁结构、提高细胞膜通透性相关。然而，植物多糖促进肠道紧密连接蛋白和基因表达的相关机制尚需进一步研究。

3.植物多酚类化合物

植物多酚类化合物是一类广泛存在于植物体内、含有多个羟基的酚类植物成分的总称，主要包括酚酸类化合物、单宁等。

（1）茶多酚。茶多酚是茶叶中多酚类物质的总称，具有抗氧化、抗炎、抗肿瘤、增强机体免疫力等多种生理功能。茶多酚对肠道屏障功能的调控机制主要包括以下几个方面：

①调节肠道上皮细胞的表达。茶多酚可以通过调节肠道上皮细胞的表达来增强肠道屏障功能。研究表明，茶多酚可以促进肠道上皮细胞的增殖和修复，增强肠道上皮屏障的完整性。

②增加黏液层的分泌。茶多酚可以促进黏液层的分泌，增加黏液层的厚度，从而增强肠道屏障功能。黏液层可以阻止有害物质和病原微生物的进入，保护肠道上皮细胞免受损伤。

③改变肠道微生物的附着位点。茶多酚可以改变肠道微生物的附着位点，调节肠道微生物群落的组成。研究表明，茶多酚可以促进有益菌的生长，抑制有害菌的生长，从而维持肠道微生物群落的稳定性。

（2）姜黄素。姜黄素是从姜黄属植物的根或茎中提取的一种多酚类物质（图6-8），在传统医药中有重要的地位，它具有抗炎、抗氧化应激、抗肿瘤、抗病毒、降压和降脂等多种药理学功效。姜黄素可以通过多种方式影响肠道菌群，主要表现为以下几个方面：

①姜黄素能够逆转雌激素缺乏引起的肠道菌群多样性的减少。研究发现，姜黄素的

补充可以增加某些菌属的数量，如拟杆菌属，从而提高肠道菌群的多样性。

②姜黄素可以改善肠道菌群结构失衡。在高脂饮食诱导的动物模型中，姜黄素的补充可以降低一些有害菌的丰度，如螺旋菌门、软壁菌门和迷踪菌门，并增加一些有益菌的丰度，如放线菌门。这种调节作用有助于改善肠道屏障的通透性，缓解肝脏脂肪变性、代谢性内毒素血症和肠道炎症。

图6-8　姜黄素

③姜黄素能够调节肠道菌群的组成。研究发现，姜黄素的补充可以降低一些致病菌的丰度，如普雷沃氏菌科、拟杆菌科和理研菌科，并增加一些有益菌的丰度，如乳杆菌科、理研菌科和普雷沃氏菌属。这种调节作用有助于维持肠道菌群的平衡，促进肠道健康。姜黄素通过调节肠道菌群的多样性、结构和组成，对肠道健康起到积极的影响。

植物多酚对肠道微生态的影响。植物多酚可直接影响肠道微生物的组成，选择性促进益生菌或抑制病原菌的生长，从而改变肠道微生态，如白藜芦醇可降低结肠大肠杆菌数量，提高双歧杆菌数量；单宁酸可提高空肠乳酸杆菌数量，并降低盲肠氨、异丁酸等气体含量。另外，植物多酚被大肠微生物分解代谢，变成小分子物质且具有更高的生物活性，如产生肠上皮细胞的重要能量来源丁酸，在调节宿主免疫应答与氧化应激反应、增强肠道屏障功能等方面具有积极作用。

此外，植物多酚可通过调节肠上皮细胞内的信号分子来影响信号通路的活化和炎症因子的表达，从而改善受损的肠黏膜屏障功能，降低肠道通透性。值得注意的是，多酚类化合物还可影响肠道消化酶的分泌和养分转运。综上可知，在饲粮中添加多酚类化合物不仅可以提高胃肠道免疫力、调节菌群平衡，还能加强肠道保护屏障。但大部分多酚类化合物提取成本较高，故开发简易提取工艺和寻找廉价原材料是急需解决的问题。

4.黄酮类化合物

（1）黄酮类植物活性成分的种类和特性。黄酮类植物活性成分是一类以黄酮（2-苯基色原酮）为母核结构而衍生的黄色色素，属植物次生代谢产物，分为黄酮类、黄酮醇类、黄烷酮类、异黄酮类、黄烷醇类、花色素类等。它们大多以天然糖苷或其他缀合物的形式广泛存在于自然界的植物中，具有多种生物学功能，如改善肠道组织形态、抗氧化、抗炎等。研究指出，黄酮类植物提取物的生物学功能与其主要活性成分的超强抗氧化、清除自由基功能相关。

（2）主要种类及作用。

①槲皮素是一种天然类黄酮化合物，具有多种生物活性，包括抗炎、抗氧化、抗癌

和抗菌作用。研究发现，槲皮素可以促进肠道中*MUC*基因的表达，促进黏液层的形成，从而保护肠道免受病原体和细菌的侵害，同时可以促进肠上皮细胞的增殖，并提高其抗氧化酶活性，从而保护肠道免受氧化应激的损伤。槲皮素可以通过调节肠道黏膜屏障降低肠道炎症反应，提高肠道免疫力，维持肠道微生态稳定，从而维持肠道黏膜屏障功能的完整性。

②大豆异黄酮是广泛存在于豆科植物中的一种多酚类化合物，具有抗炎、抗菌、抗氧化、抗肿瘤、调节肠道菌群结构等多种生物活性。研究表明，肠道微生物能够对大豆异黄酮进行生物转化，生成雌马酚等代谢产物，并发挥生物活性。同时，这些代谢产物又可以反向调节肠道的微生物组成与免疫功能。具体来说，大豆异黄酮可以促进有益菌的生长，抑制有害菌的生长，从而调节肠道微生物群的平衡。此外，大豆异黄酮还可以增加雌马酚生成菌的数量，进一步影响肠道微生物的代谢活性。总的来说，大豆异黄酮通过与肠道微生物的相互作用，调节肠道微生物群的结构和功能，从而对肠道健康产生影响。

③芦丁是具有多种生物活性的黄酮类化合物。研究发现，其不仅在抗炎和抗氧化方面效果显著，在降脂减肥方面也有一定效果。Yan等（2022）认为，芦丁可以用于改善肥胖个体的肠道菌群紊乱，达到降脂减肥作用。

黄酮类化合物具有广泛的生物活性，其广泛存在于植物中，且提取工艺成熟，因此黄酮类化合物可以制成益生元制剂。

5.植物精油

植物精油是指从植物组织中提取的易挥发油状芳香物质，具有丰富的生物活性。植物精油种类多、成分复杂，包括醇类、醛类、酸类、酚类、丙酮类、萜烯类等化合物，具有易挥发、不稳定、不溶于水、含有特殊气味等特点。在调控肠道健康方面，植物精油通过增强抗氧化功能、改善肠道组织形态和消化吸收功能、调节免疫与菌群结构等途径维护肠道健康。植物精油作为饲料添加剂在鸡、鸭、猪等动物中广泛应用，已经展现出良好的抗氧化、抑菌、促生长及提高免疫力等作用。此外，体外试验研究表明，牛至精油可以使粪肠球菌的相对丰度增加，链球菌属的相对丰度降低，菌群结构的改变增加了乙酸、丁酸等有益短链脂肪酸的含量，从而改善了肠道健康。给高脂饮食大鼠喂食甜橙精油胶囊，口服2mL微胶囊混悬液（含630mg微胶囊）后，增加了拟杆菌门和放线菌门的相对丰度，而厚壁菌门的相对丰度则下降，表现为肠道炎症状态的内毒素水平下降，能保持肠道的屏障功能。Cui等（2019）研究发现，植物精油中的活性物质可以穿透有害微生物的细胞膜，影响其通透能力，破坏细胞膜的结构，有效地抑制酶的活性；而酶活性的降低则会干扰三羧酸的循环，从而抑制有害微生物的生长和繁殖。

研究发现，精油成分（肉桂醛、丁香酚和香芹酚）作为饲料添加剂可以减缓动物肠道炎症反应。肉桂醛和丁香酚可以调控鸡肠道免疫相关基因表达，而肉桂醛和香芹酚可降低仔猪断奶后肠道中黏膜巨噬细胞的数量。植物精油具有易吸收、调节肠道菌群结构、保持肠道屏障等优势，在饲料添加剂的开发上将具有极大潜力。

6.其他

生物碱类也是天然植物中具有重要生物学活性的一类含氮化合物，在维护肠道健康和降低腹泻率方面具有积极的效果。50mg/kg的血根碱降低了断奶仔猪腹泻率，提高了十二指肠绒毛高度、绒毛高度、隐窝深度以及小肠黏膜IgA、IgG和IgM含量，且效果与金霉素组无显著差异。采食苦参碱粗提物的仔猪腹泻率明显降低，但胃黏膜肥大细胞数量明显增加。在调节肠道菌群方面，小檗碱和杜仲生物碱可降低生长育肥猪腹泻率和粪便大肠杆菌数量，但提高了乳酸杆菌数量。

皂苷结构复杂，由皂苷元、糖和糖醛酸或其他有机酸组成，主要分为甾体皂苷和三萜皂苷两大类，具有抗氧化和抗菌功能。有关皂苷在猪肠道功能上的研究资料比较有限。研究发现，给断奶仔猪饲喂2.5g/kg苜蓿皂苷30d可提高十二指肠、空肠和回肠中乳酸杆菌数量，上调十二指肠和回肠过氧化氢酶及空肠谷胱甘肽氧化酶的基因表达水平，并降低十二指肠和盲肠的pH，提示苜蓿皂苷可调节肠道抗氧化酶表达和改善肠道菌群结构。

糖萜素是一种含有大量多糖和皂苷的混合物，具有调节动物免疫水平、提高抗氧化能力、改善肠道养分吸收等功能。进一步分析发现，糖萜素还可调节肠道微生物组成，提高盲肠双歧杆菌和乳酸杆菌的数量，并降低肠道内容物的pH。

第九节

碳 水 化 合 物

碳水化合物（图6-9）的主要来源是淀粉、糖类和纤维类食物，可以为动物提供能量，是生命细胞的主要成分，还有调节脂肪代谢、节约蛋白质、调理肠道等作用。

低聚糖对肠道的调控主要体现在以下几个方面：

（1）改善菌群结构。低聚糖可以促进有益微生物的生长，抑制有害菌的增殖，从而维持肠道菌群的平衡状态。

（2）提高矿物质吸收效率。低聚糖可以通过调控肠道细胞增殖和肠绒毛高度来提高矿物质的吸收效率。

（3）提高动物免疫力。低聚糖具有抗原性，可以刺激机体产生非特异性和特异性免疫，提高免疫细胞的功能和抗体生成水平。

不同种类和添加量的低聚糖对不同动物的效果可能有所差异，因此需要进一步研究来确定最佳的添加量和应用环境。

壳寡糖是指2～10个氨基葡萄糖以β-1,4-糖苷键连接而成的低聚糖，是由虾、蟹壳的脱乙酰化产物经生物工程技术降解而得的低聚氨基葡萄糖。研究表明，在饲粮中添加壳寡糖能显著增加厚壁菌门的相对丰度，这是人和多种哺乳动物中的优势菌门，与肠道屏障的保护功能有关。厚壁菌门的比例与胃肠道炎症呈负相关，而壳寡糖对肠道健康有积极作用，能有效保护炎性肠病的肠道屏障。此外，壳寡糖还能降低柯林斯菌属在犬肠道中的相对丰度，该菌属与非酒精性脂肪肝、肥胖和动脉粥样硬化有关。因此，添加壳寡糖可能有降低犬患非酒精性脂肪肝、肥胖和动脉粥样硬化的风险。此外，壳寡糖对犬肠道放线菌门、绿弯菌门和拟杆菌属的作用还可能与壳寡糖增强犬代谢、改善犬肠道内环境有关。可见补充壳寡糖对犬的肠道菌群结构有积极的调节作用。

图6-9　碳水化合物

1.淀粉对肠道的调控

淀粉对肠道的调控主要体现在以下几个方面：

（1）肠道菌群调节。抗性淀粉可以通过肠道微生物的发酵产生短链脂肪酸，促进有益菌的增殖，抑制有害菌的生长，从而维持肠道菌群的平衡状态。

（2）肠道健康维护。抗性淀粉可以改善肠道环境，使肠道内pH降低，减少有害菌的生长，降低大肠患病的风险。同时，抗性淀粉还可以促进肠道绒毛的生长和发育，增强肠道防御屏障和抗炎特性。

（3）免疫调节。抗性淀粉可以促进肠道免疫球蛋白的产生，提高动物的免疫能力，从而增强肠道健康。

犬猫的唾液淀粉酶及胰淀粉酶活性都比较低，消化淀粉的能力比较有限，因此都不适合进食淀粉含量太高的宠粮。如果长期给犬猫饲喂一些蛋白质含量过低、淀粉含量较高的食物，容易导致犬猫营养不良，出现消瘦、毛发凌乱、精神萎靡等症状。

2.非淀粉多糖对肠道的调控

非淀粉多糖对肠道的调控主要体现在以下几个方面：

（1）肠道菌群调节。非淀粉多糖可以改变肠道菌群的组成和丰度，促进有益菌的增殖，抑制有害菌的生长，从而维持肠道菌群的平衡状态。

（2）肠道健康维护。非淀粉多糖可以增加肠道食糜的黏稠度，改善肠道形态，增强肠道屏障功能和免疫功能，从而保护肠道黏膜屏障，减少肠道损伤。

（3）降低营养成分消化率。适量的非淀粉多糖可以增加消化道食糜的黏稠度，降低饲粮中营养成分的消化率。

以纤维为例，膳食纤维是指不能被哺乳动物消化系统内源消化酶水解的植物性结构碳水化合物和木质素的总和，根据其溶解性和代谢特性，可以分为可溶性纤维、不可溶性纤维、可发酵纤维和不可发酵纤维四类。可溶性纤维（如果胶、树胶）能够溶于水并吸水膨胀形成凝胶，被大肠微生物代谢后产生短链脂肪酸，为肠道提供能量，抑制病原菌生长，同时减缓食物消化速度和胃排空，适用于犬猫的体重控制和便秘缓解。不可溶性纤维（如纤维素、木质纤维）则不溶于水且不能被微生物代谢，但能够通过促进胃肠蠕动和减少粪便在肠道中的停留时间来改善腹泻，同时增加排泄物的体积。可发酵纤维（如果聚糖、抗性淀粉）能被微生物代谢产生短链脂肪酸，从而维持肠道菌群的健康和平衡；而不可发酵纤维虽然不能被代谢，但可促进结肠微生物生长并增加排便量。中等发酵程度的膳食纤维被认为是最优化的选择，可在不影响营养物质消化率的情况下，促进短链脂肪酸的产生，同时改善粪便质量。研究表明，混合膳食纤维的添加可以有效降低有害菌（如回肠梭状芽孢杆菌）的数量，优化肠道微环境，并提升犬猫的整体健康状态。

常 见 疾 病

口腔、咽及唾液腺疾病

一、口炎

口炎是指口腔内任何部位的黏膜炎症（图7-1）。临床上常指广泛性、慢性、进展性的口腔黏膜炎症。临床上以流涎、拒食或厌食、口腔黏膜潮红肿胀为特征。一般呈局限性，有时波及舌、齿龈、颊黏膜等处，成为弥漫性炎症。

根据发病原因，有原发性和继发性之分。按其炎症性质可分为溃疡性口炎、坏死性口炎、真菌性口炎和水疱性口炎等。在犬、猫临床上，最常见是溃疡性口炎。

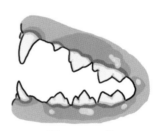

图7-1　口炎

（一）病因

1.物理性

受到机械性损伤（锐齿、异物、牙垢或牙石等直接刺伤黏膜等）、吞食过冷过热食物等。

2.化学性

接触有剧烈刺激性、腐蚀性的化学药物如强酸、强碱、强氧化剂等，致使黏膜损伤；刺激性药物使用不当，例如外用药被宠物舔舐等。

3.感染性

当机体抵抗力降低时，口腔黏膜腐生细菌，可致使黏膜发炎。细菌引起的口炎多表现为坏死，并出现溃疡或化脓，常发生细菌混合感染，易发生于衰弱的犬、猫，有时也可继发于胃肠病和其他传染病过程中。

犬、猫口炎可发生于很多病毒性传染病的病理过程中，如犬乳头状瘤、犬瘟热、犬传染性肝炎、猫流感、猫杯状病毒感染等。

真菌感染也可引起犬、猫发生口炎。多由念珠菌、酵母菌、曲霉菌、芽生菌、组织胞浆菌等感染引起。

4.继发性

可继发于其他疾病，如咽炎、舌炎、急性胃卡他、猫嗜酸性肉芽肿、猫传染性鼻气管炎等，或某些全身性疾病，如糖尿病、营养代谢紊乱、烟酸缺乏症、贫血、慢性肾炎和尿毒症等。

（二）症状

一般临床表现为口腔黏膜红、肿、热、痛，咀嚼障碍，流涎，以及口臭等症状。犬常有食欲，但采食后不敢咀嚼即行吞咽。猫多见食欲减退或消失。患病动物搔抓口腔，有的吃食时突然嚎叫、痛苦不安；也有的因剧烈疼痛而抽搐；口腔感觉过敏，抗拒检查，呼出的气体常有难闻臭味。下颌淋巴结肿胀，有的伴发轻度体温升高。

1.溃疡性口炎

常并发或继发于全身性疾病，初期多分泌透明样唾液，随病势发展，分泌黏稠而呈褐色或带血色唾液，并有难闻臭味，口鼻周围和前肢附有上述分泌物。

2.坏死性口炎

除黏膜有大量坏死组织外，其溃疡面覆盖有污秽的灰黄色油状伪膜。

3.真菌性口炎

这是一种特殊类型的溃疡性口炎，其特征是口腔黏膜呈白色或灰色并略高于周围组织的斑点，病灶的周围潮红，表面覆有白色坚韧的被膜。常发生于有长期或大剂量使用广谱抗生素病史的犬、猫。

4.水疱性口炎

多伴有全身性疾病，口腔黏膜出现小水疱，逐渐发展成鲜红色溃疡面，其病灶界限清楚。猫患本病时，在其口角也出现明显病变。

（三）诊断

根据口腔黏膜炎性症状进行诊断。对真菌性口炎和细菌性口炎，可通过病料分离培养来确诊。小动物进行全面检查时可全身麻醉。

（四）治疗

排除病因和加强护理。给予清洁的饮水，补充足够的B族维生素。饲喂富有营养的牛奶、鱼汤、肉汤等流质或柔软食物，减少对患部口腔黏膜的刺激。必要时在全身麻醉后进行检查，如除去异物、修整或拔除病齿。继发性口炎应积极治疗原发病。

细菌性口炎，应选择有效的抗菌药进行治疗，如口服或肌内注射青霉素、氨苄西林、头孢菌素、喹诺酮类药物等。

局部病灶可用0.1%高锰酸钾溶液或2%～3%硼酸溶液冲洗口腔，每天1～2次。口腔分泌物过多时，也可选用3%过氧化氢（双氧水）或1%明矾溶液冲洗。对口腔溃疡面涂擦5%碘甘油。

久治不愈的溃疡，可涂擦5%～10%硝酸银溶液，促进其愈合。

病重不能进食时，应采用静脉输注葡萄糖、复方氨基酸等制剂的维持疗法。为了增强黏膜抵抗力，可应用维生素A。

二、咽炎

咽炎指咽黏膜和黏膜下组织的炎症（图7-2）。犬、猫咽炎常并发于广泛的口腔、上呼吸道或全身疾病，以吞咽障碍、咽部肿胀、局部敏感和流涎为特征。

（一）病因

原发性咽炎多因机械性、化学性和物理性刺激所引起。如粗硬或过热的食物、刺激性气体和强烈的刺激性药物等。受寒感冒和过度疲劳是诱发咽炎的主要因素。在机体抵抗力降低的情况下，上呼吸道（特别是咽部）的常在微生物（葡萄球菌、链球菌、大肠杆菌等）大量繁殖，发生致病作用，可引起咽炎。

图7-2　咽炎

继发性咽炎常见于流感、狂犬病、犬瘟热、钩端螺旋体病、传染性肝炎、脓毒血症。此外，咽部邻近器官（鼻、喉、口、食管）的炎症也可蔓延至咽黏膜而引起咽炎。

（二）症状

1.急性咽炎

全身症状明显，表现精神沉郁、食欲废绝、体温升高（40℃以上）、吞咽困难和流涎等。触诊咽部，病犬表现敏感、躲避、摇头；颌下淋巴结、咽后淋巴结肿胀。人工诱咳阳性。

2.慢性咽炎

发展缓慢，有发作性咳嗽，有吞咽障碍，饮水和食物有时从鼻孔流出。颌下淋巴结轻度肿胀。

（三）诊断

根据临床症状及咽部检查可以确诊。临床上须与咽部异物、咽腔肿瘤、腮腺炎等疾病进行鉴别。

（四）治疗

应消除病因，加强护理，给予柔软易消化的流质食物，如牛奶、生鸡蛋、米粥或肉汤等，多饮水。在病的初期，可用复方醋酸铅溶液在颈部冷敷，每天3～4次；经2～3d后改用20%硫酸镁溶液温敷，控制炎症发展。严重咽炎，应禁食，可静脉注射磺胺甲基嘧啶，肌内注射青霉素、链霉素或卡那霉素，20%～25%葡萄糖注射液50～100mL。洗涤咽腔，可用0.1%高锰酸钾溶液、3%明矾溶液、2%硼酸溶液等，然后涂布碘甘油或鞣酸甘油等。

三、唾液腺炎

唾液腺炎指唾液腺及其导管的炎症（图7-3）。唾液腺包括腮腺（耳下腺）、颌下腺、舌下腺和颧腺。最常见的是腮腺炎，有时呈地方性流行。按其经过，可分为急性或慢性。按其病性，可分为实质性、间质性、化脓性。按病原，可分为原发性与继发性。犬的唾液腺炎多为继发性。

图7-3　唾液腺炎

（一）病因

原发性唾液腺炎通常由于唾液腺或其邻近组织的创伤或感染所致，如犬之间的咬伤、外伤、鱼钩刺伤等；继发性唾液腺炎可继发于咽炎、喉炎、口炎、唾液腺结石及犬瘟热、传染性胸膜肺炎等疾病。

（二）症状

1.急性实质性腮腺炎

腮腺肿大，触诊腺体较坚实，并有热痛。病犬头颈伸直，向两侧活动受到限制，如一侧腮腺炎症，即见头颈向健侧歪斜，体温可能升高。采食困难，咀嚼迟缓，唾液分泌增加，不断流涎，特别是采食和咀嚼时。如继发咽炎，则吞咽发生障碍。

2.化脓性腮腺炎

除具有上述症状外，于腮腺区有水肿性肿胀，并可能扩展于颈部及下颌，几天后形成脓肿，触诊有波动；脓肿破溃后形成瘘管，向外流出混有脓汁的唾液。

3.慢性间质性腮腺炎

较为少见，除有局部的硬肿外，通常无发热症状，局部疼痛亦不明显。

4.颌下腺炎

常伴有下颌间隙蜂窝织炎，病犬头颈伸直，咀嚼迟缓，流涎。口腔黏膜充血、肿胀。颌下腺常形成脓肿，破溃后脓汁可从口内或破溃处向外流出。

（三）治疗

早期消除或缓解炎症，给予抗生素，可注射氨苄西林，注射或口服其他抗生素等。唾液腺炎初期，可用热水袋或50%酒精湿敷。在未形成脓肿时，可应用热敷或涂擦促进药物的吸收，已形成脓肿时及时切开排脓。

第二节 胃 肠 疾 病

一、胃炎

胃炎指胃黏膜的急性或慢性炎症，是犬、猫急性呕吐的较常见原因（图7-4）。以呕吐、胃压痛及脱水为特征。

（一）病因

图7-4　胃炎

主要原因是采食腐败变质或不易消化的食物和异物、投服刺激性药物（如阿司匹林、吲哚美辛、头孢菌素、多西环素等）。

胃炎也可并发于某些病毒病、细菌病、寄生虫病等，如犬瘟热、犬传染性肝炎、钩端螺旋体病、急性胰腺炎等。

饲喂鸡蛋、牛奶、鱼肉等可引起个别犬、猫变态反应性胃炎。

（二）症状

临床上以精神沉郁、呕吐和腹痛为主要症状。

呕吐是本病最明显的症状。病初，呕吐泡沫状液体，常带有血液、脓汁或絮状物，大量饮水后可加重呕吐。患病动物有渴感，但饮水后易发呕吐。

食欲不振或废绝，体温升高，饮欲增强。口臭，舌呈黄白色，脱水严重，眼球凹陷。

触诊腹壁紧张，抗拒检查，前肢向前伸展，触诊胃区可出现呻吟，喜欢蹲坐或趴卧于凉地上。

慢性胃炎表现与采食无关的间歇性呕吐，呕吐物常混有少量鲜血。同时表现消瘦、贫血等症状，最后发展为恶病质导致死亡。

严重胃炎常伴有肠炎，可能属于急性胃炎的一部分，但也可能是慢性胃炎的严重表现。

急性胃炎通常表现为突然发作的症状，如急性胃炎的症状较快出现且严重，而慢性胃炎的症状较温和且持续时间长，表现持续性呕吐，表情痛苦，体重减轻，急剧消瘦，机体脱水，电解质紊乱和碱中毒等症状。

（三）诊断

根据病史和临床症状可获得初步诊断。

单纯性胃炎，特别是急性胃炎，一般经对症治疗多可痊愈，也可作为治疗性诊断。

X线检查可发现异物，或投服造影剂，对其疾病的范围、性质等做进一步诊断，还可与食管疾病相区别，内镜检查胃黏膜的变化，有助于确诊。

（四）治疗

除去刺激因素，保护胃黏膜，抑制呕吐，防止机体脱水和纠正酸碱平衡紊乱等。

对急性胃炎者，首先停饲24h以上，可给予少量饮水或让其舔食冰块，以缓解口腔干燥。病情好转后，先给予少量多次流质食物，如牛奶、鱼汤、肉汤等，逐渐恢复常规饮食。

对持续性、顽固性呕吐动物，应给予具有镇静、止吐、抗胆碱能作用的药物。

此外，注意防止机体脱水，应给予等渗盐水，每千克体重66mL/d，分2次静脉注射或腹腔内注射；口服补液盐溶液（任其自由饮用），或灌肠（以补充体液，每千克体重50～80mL/d，分2～3次直肠内灌入）。

犬、猫患胃炎，特别是急性胃炎，应尽可能不经口投药，以避免对胃黏膜刺激，诱发反射性呕吐。

当胃炎较重或继发肠炎时，可给予抗生素，如卡那霉素、庆大霉素、阿莫西林等。必要时肌内注射地塞米松，其剂量为犬每千克体重2～10mg，猫每千克体重0.1～5mg，以增强机体抗炎、抗毒素的能力。

治疗胃炎也可用胃黏膜保护剂，如白陶土、次硝酸铋、氢氧化铝和蒙脱石散等。

对严重胃出血或溃疡病例，应用维生素K和酚磺乙胺（止血敏）等止血药物，同时给予止酸药物如雷尼替丁，剂量为每千克体重4mg，每天2～3次；肌内注射，以减少胃酸分泌。

二、胃内异物

胃内异物指胃内长期滞留难以消化的异物（图7-5），使胃黏膜损伤，影响胃的功能，严重时还能引起胃穿孔，继发腹膜炎。多见于幼犬和小型品种犬及老年猫。

（一）病因

幼年或成年犬、猫可吞食各种异物，如骨骼、橡皮球、石头、破布、线团、针、鱼钩等。特别是猫有梳理被毛的习惯，脱落的被毛被猫吞食后在胃内积聚形成毛球。此外，犬患有某种疾病时，如狂犬病、胰腺疾病、寄生虫病、维生素缺乏症或矿物质不足等，常伴有异嗜现象，甚至个别犬生来就有吞食石块的恶习。

图7-5　胃内异物

（二）症状

胃内存有异物的动物，根据异物的不同，在临床症状上有较大差异。

有的胃内虽有异物，但不表现临床症状，长期不易被发现。此种患病动物在采食固体食物时有间断性呕吐史，呈进行性消瘦。

胃内存有大而硬的异物时，能使动物呈现胃炎症状（详见胃炎部分）。尖锐或具有刺激性异物伤及胃黏膜时，可引起出血或胃穿孔，但此种情况较为少见。

猫胃内毛球往往引起呕吐或干呕，食欲差或废绝。有的猫的特征性表现为肚子饥饿，觅食时鸣叫，饲喂食物时出现贪食，但只吃几口就走开，逐渐消瘦，这种现象表示胃内可能存有异物。

（三）诊断

胃内异物常可根据病史和临床检查进行初步诊断。小型犬和猫腹壁较柔软，胃内有较大异物时，用手触诊可觉察。应用X线摄影检查可以帮助诊断，必要时投服造影剂，查明异物的大小和性质。

（四）治疗

犬猫可分别应用阿扑吗啡或赛拉嗪（剂量为每千克体重1mg）进行催吐。催吐只适用于胃内存有少量光滑异物的情况。当胃内异物粗大、锐利时，催吐可能损伤食管，所以不宜用催吐药物。

小而尖锐异物，如钉、针、别针等存在胃内时，可投服浸泡牛奶的脱脂小棉球（装于胶囊内），或小的肉块等，常可使异物通过肠道排出体外。此外，给予大剂量甲基纤维素或琼脂化合物也有效果。

猫胃内小异物、毛球等，投服石蜡油（剂量为每只5～10mL）1～2次，也能顺利排除异物。

上述方法不见效或大异物无法排出时，应进行外科手术，切开胃壁取出异物。术后注意护理和对症治疗。对异嗜等引起的胃内异物则应投给微量元素、维生素等，以治疗其原发病。

三、胃扩张－胃扭转

胃扩张－胃扭转综合征是一种急性的威胁生命的疾病（图7-6），其特征为胃变位、胃内气体快速积聚、胃内压增加和休克等。

胃扭转为一种胃幽门和贲门呈纵轴从右向左顺时针扭转，挤压于肝脏、食管的末端和胃底之间，导致胃内容物不能后送的疾病。胃扭转之后很快发生胃扩张。

图7-6　胃扩张－胃扭转

（一）病因

（1）大型犬或胸深品种的犬易发生，小型犬和猫也有发生。

（2）中年和老龄犬多发生。

（3）食管疾病，正常的解剖位置改变。

（4）胃部韧带松弛。

（5）暴饮、暴食。

（6）进食后运动，可造成胃移位。

（7）胃内气体过量积聚。

（8）胃排空延缓。

（二）症状

患犬突然表现腹痛，躺卧于地上，流涎，或口吐白沫。

由于胃扭转，胃贲门和幽门部闭塞，而发生急性胃扩张，表现腹围增大。腹部叩诊呈鼓音或金属音。腹部触诊，可摸到球状囊袋，急剧冲击胃下部，可听到拍水音。

病犬脱水、呼吸困难，呼吸急促、浅表，脉搏频数。结膜、口色淡白或发绀，再充盈时间延长。多于24～48h死亡。

（三）诊断

主要根据临床症状、X线检查或胃导管检查来确诊。

（四）治疗

对胃导管难插至胃或能插入胃导管但症状仍不能缓解的犬，应尽早进行剖腹手术，整复和使胃排空。发病后应及时抢救，若贻误抢救时机，可能导致动物休克、死亡。

四、肠炎

肠炎指肠黏膜急性或慢性炎症（图7-7）。它可以是仅侵害小肠黏膜的一种独立性疾病，但更为常见的是广泛涉及胃或结肠的炎性疾病。临床上以消化功能紊乱、腹痛、腹泻、发热为特征。

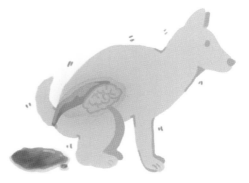

图7-7　肠炎

（一）病因

在动物体抵抗力降低时，体内、外的沙门氏菌、大肠杆菌、变形杆菌、弧菌及病毒等都可成为肠炎病原菌。肠炎也常作为某些传染病的症状，如犬瘟热、犬细小病毒病、猫泛白细胞减少症（猫瘟）、钩端螺旋体病等。肠道寄生的绦虫、蛔虫、弓形虫和球虫等对于肠炎的发生也起一定作用。腐败变质、被污染食物，刺激性化学物质（毒物、药物），某些重金属中毒及某些食物性变态反应，都能引起肠炎。过食或长期滥用抗生素也可引起肠炎。

（二）症状

肠炎最为突出的症状是腹泻。患结肠炎时，可出现里急后重；粪便稀软、水样或胶冻状；并带有难闻的臭味。小肠出血性肠炎，粪便呈黑绿色或黑红色；大肠出血性肠炎，粪便表面附有鲜血丝或血块。

病原微生物所致肠炎，体温升高，精神沉郁，食欲减退或废绝。重度肠炎，动物机体脱水，迅速消瘦，电解质丢失和酸中毒。有些患病动物由于腹痛，胸壁紧贴地面，举高后躯，呈祈祷姿势。病初肠蠕动音增强，后出现反射性肠音降低，发生肠臌气。

慢性肠炎，病变和症状都较急性轻微。由于反复腹泻，动物脱水、消瘦、营养不良，或者腹泻与便秘交替出现，其他症状不太明显。病理变化：轻者肠黏膜轻度充血和水肿，严重的为广泛性肠坏死，肝、肾实质脏器变性等。

（三）诊断

根据病史和症状易于诊断，但查清病因须进行实验室检验。有条件的进行肠道钡剂造影，或者内镜检查，血液检验和尿液分析也有助于认识疾病的严重程度和判断预后。

（四）治疗

控制饮食，选用有效抗菌药物控制和预防病原菌继发感染；补充水分、电解质，对症治疗。

五、肠梗阻

肠梗阻为一种急腹症，发病部位主要为小肠。常于小肠肠腔发生机械性阻塞或小肠正常生理位置发生不可逆变化，如套叠、嵌闭和扭转等。本病发生急剧，病程发展迅速，如治疗不及时，死亡率高。

（一）病因

肠梗阻由异物如骨骼、果核、橡皮、线团、毛球等，以及大量寄生虫等，突然阻塞肠腔所致。肠梗阻也可由于肠管粘连、肠套叠、肠扭转、肠狭窄或肠腔内新生物、肿瘤、肉芽肿等致使肠腔狭窄引起。

犬、猫为肉食动物，由于生理解剖学特点，不易发生肠扭转，但易发生肠套叠，而且多继发于青年动物急性肠炎或寄生虫病等。这是由于肠蠕动机能失调引起的，多发部位是空肠、回肠近端和回盲结合处。

（二）症状

肠梗阻部位越接近胃，其呕吐及相关症状越急剧，病程发展越迅速。最为显著的症状是食欲不振、厌食和呕吐，剧烈腹痛，迅速消瘦，精神沉郁等。

腹痛初期，表现腹部僵硬，抗拒触诊腹部。对于小型犬或猫，多能触诊到阻塞物。梗阻发生于前部肠管时，呕吐可成为一种早期症状。持续呕吐导致机体脱水、电解质紊乱和伴发碱中毒。晚期发生尿毒症，最终虚脱、休克而死亡。

（三）诊断

根据病史和临床症状，可初步诊断为小肠梗阻。必要时剖腹探查，以便及时治疗。

应用X线片进行辅助诊断，最好给予造影剂，增加对比度。

（四）治疗

当小肠梗阻确定后，应尽早进行手术治疗，并相应补充体液和电解质，调整酸碱平衡，选用广谱抗生素控制感染等对症治疗措施。

六、巨结肠

巨结肠指结肠的异常伸展和扩张（图7-8），分先天性和继发性（假性巨结肠）两种。先天性巨结肠是由于结肠壁的肌层间神经节缺乏或变性，引起痉挛性狭窄，在患病肠段前出现扩张，或整个结肠的神经节发育不良，引起整个结肠或直肠弥散性扩张。猫比犬多发。

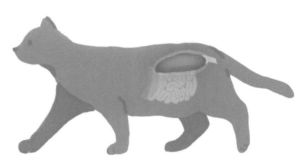

图7-8 巨结肠

（一）病因

结肠远侧端的肠壁内神经丛先天性缺陷，结肠长期处于收缩状态而堵塞粪便，导致前端结肠扩张和肠壁肌层增厚。此外，引起慢性便秘的诸种因素，如新生物、直肠内异物、骨盆骨折、前列腺肥大等，均可继发假性巨结肠。

（二）症状

便秘是主要临床症状，常见里急后重，频繁排粪，仅能排出少量浆液性或带血丝的黏液性粪便，偶有排出褐色水样便。随着便秘发展，出现脱水、厌食、被毛粗乱、体重下降、虚弱、呕吐等症状。病犬腹围隆起，似桶状，腹部触诊可感知充实粗大的肠管。

（三）诊断

主要依据腹部触摸到粪便积聚的粗大结肠、直肠探诊触到硬的粪块或不含粪便的扩张结肠、钡剂灌肠、X线检查等。直肠镜可观察结肠有无先天性狭窄、阻塞性肿瘤及异物等。

（四）治疗

对衰竭的病犬首先输液，补充电解质和能量合剂，改善营养后再取出积结的粪便。可适当运动，投服泻剂，促进粪便排出。重症者，必要时用分娩钳将粪块夹出。

对于顽固性先天性直肠或结肠狭窄、阻塞性肿瘤或异物等，可施肠管切开术或肠管切除术，除去病变。

肝 脏 疾 病

一、肝炎

肝炎是肝脏实质细胞出现不同程度的急性弥漫性变性、坏死和炎性细胞浸润的肝脏疾病（图7-9）。临床上以黄疸、急性消化不良及出现神经症状为特征。

图7-9　肝炎

（一）病因

1.中毒

各种有毒物质和化学药品。

2.病毒、细菌及寄生虫感染

如传染性肝炎病毒、疱疹病毒、真菌等病原体侵入肝脏或其毒素产生作用而致病。

3.药物过敏

反复投予氯丙嗪、睾酮等可引起急性肝炎。食物中蛋氨酸或胆碱缺乏时，也可造成肝坏死。

（二）症状

病犬食欲不振或废绝，全身无力，眼结膜黄染，常有微热。粪便呈灰白绿色，恶臭，不成形。明显消瘦。肝区触诊有疼痛反应，腹壁紧张。尿呈豆油色。若肝细胞损害严重，则血氨升高，表现肌肉震颤、痉挛、过度兴奋、无力、感觉迟钝，起立困难及昏睡。肝细胞弥漫性损害时，有出血倾向。重症犬可因弥散性血管内凝血而死亡。

（三）诊断

根据临床病理变化，可以作出诊断。

（四）治疗

除去病因，促进肝细胞再生，恢复肝功能。

图7-10　肝硬化

二、肝硬化

肝硬化是一种常见的慢性肝病（图7-10），由一种或多种致病因素长期或反复损害肝脏所致。本病因肝细胞呈弥漫性变性、坏死和再生，同时结缔组织弥漫性增生，肝小叶结构被破坏和重建，导致肝脏变硬。

（一）病因

病因至今不完全清楚。据观察，犬心丝虫病、心脏瓣膜病、慢性充血性心力衰竭、门脉血栓、传染性肝炎及某些毒物中毒均可继发。

（二）症状

肝硬化发生缓慢，初期症状不明显。急性肝炎和重症肝炎继发的肝硬化发展较快。病犬呈现慢性消化不良，便秘与腹泻交替出现，有时伴有呕吐。可视黏膜黄染，早期肝肿大、平滑，柔软或坚实，触诊疼痛。而在晚期肝缩小、坚硬，表面呈粒状或结节状。一般无疼痛，并发腹水及皮下水肿。后期出现黏膜黄染、出血性素质以至肝昏迷（肝性脑病严重时造成意识丧失的状态）而死亡。

（三）诊断

根据临床症状、血液学检验和临床病理变化可以诊断。超声检查或肝穿刺组织病理学检查是最可靠的诊断方法。

（四）治疗

食物疗法是治疗本病的关键，要给予低蛋白质、高碳水化合物和富含维生素的食物，禁食脂肪含量高的食物。同时进行对症治疗。犬的肝脏纤维化即肝硬化早期阶段若能除去病因，促进肝实质细胞的功能和再生，有恢复的可能。

第四节

胰　腺　炎

胰腺炎可分为急性和慢性两种。实际上患胰腺炎的犬、猫较多，但表现临床症状的则较少，多在死后剖检时才发现病变。犬发病率比猫高。急性胰腺炎以突发性腹部剧痛、休克、腹膜炎为特征（图7-11）。

图7-11　胰腺炎

（一）病因

肥胖；高脂血症；胆管疾病；传染性疾病：犬、猫发生某些传染病时，胰腺炎成为必发疾病之一，如猫弓形虫病和猫传染性腹膜炎，可损害肝脏诱发胰腺炎。

（二）症状

临床特征为消化不良综合征。

急性病例有严重的呕吐和明显腹痛，厌食，精神沉郁，间有腹泻，粪中带血。严重者出现昏迷或休克。病犬消化不良，食欲异常亢进，生长停滞，明显消瘦。排粪量增加，粪便中含有大量脂肪和蛋白质。

慢性胰腺炎特征是反复发作，持续性呕吐和腹痛。常见症状是不断地排出大量橙黄色或黏土色、酸臭味粪便，其粪中含有不消化食物。由于吸收不良或并发糖尿病，动物表现贪食。慢性胰腺炎只偶见于猫。

（三）诊断

通过试验性治疗进行诊断。

（四）治疗

1.急性胰腺炎

首先应禁食，以防止食物刺激胰腺分泌。为抑制其分泌，也可给予阿托品。禁食时需静脉注射葡萄糖、复合氨基酸，进行维持营养和调节酸碱平衡等对症治疗。

2.慢性胰腺炎

胰腺病变难以恢复，主要靠药物维持其机能。常用食物疗法和补充缺乏的胰酶来减轻临床症状。

第五节

腹 膜 炎

腹膜炎是由细菌感染或化学物质刺激所引起的腹膜的炎症。根据临床表现，分急性、慢性腹膜炎；根据腹膜内有无感染病灶，分原发性、继发性腹膜炎；根据炎症的范围或程度，分为局限性、弥漫性腹膜炎。犬多为继发性腹膜炎。

（一）病因

急性腹膜炎：主要继发于消化道穿孔、膀胱穿孔等。

慢性腹膜炎：多发生于腹腔脏器炎症的扩散，或由急性腹膜炎逐步转为慢性弥漫性腹膜炎。

（二）症状

急性腹膜炎：主要表现剧烈的持续性腹痛、体温升高。犬呈弓背姿势，精神沉郁，食欲不振，反射性呕吐，呈胸式呼吸。

慢性腹膜炎：常发生肠管粘连，阻碍肠蠕动，表现为消化不良和腹痛。

（三）治疗

早期应用抗生素，控制感染。

第六节

呕 吐 与 反 流

一、呕吐

呕吐是不自主地将胃内容物（或偶尔是肠道内容物）从口排出的现象。

（一）病因

日粮、药物、代谢障碍及胃肠机能障碍、腹部疾病等都能引起呕吐。

（二）诊断

可以根据临床症状、呕吐的频率及相关的检查进行诊断。

（三）治疗

去除病因、控制呕吐，纠正体液、电解质和酸碱平衡。

二、反流

反流指采食的食物被动逆行到食管括约肌的近端（图7-12），常发生在采食的食物到达胃之前。严重的反流可导致吸入性肺炎和慢性消耗性疾病。

图7-12　反流

（一）病因

巨食管或继发性巨食管、重症肌无力、多发性肌炎、红斑狼疮、肾上腺机能低下、甲状腺机能低下、铅中毒、食管内异物、食管狭窄、食管肿瘤等均可引起反流。

（二）诊断

X线检查结合钡剂进行确诊。

（三）治疗

尽早去除病因，防止吸入性肺炎，补充足够的胃肠营养。

第七节

厌 食 与 贪 食

厌食指不愿采食，甚至发生明显的营养缺乏。不同的病因导致完全和部分厌食。

贪食指过量摄取食物。这种现象在某些生理条件下是正常反应，如泌乳、妊娠、极度寒冷和剧烈运动等。但不当的贪食会导致肥胖。应用抗惊厥药、糖皮质激素、甲地孕酮及比较少见的下丘脑损伤也可引发贪食。贪食还可能是机体对某些疾病引起的体重下降的补偿，如发生糖尿病、甲状腺功能亢进时。

（一）诊断

临床出现发热、脱水、贫血和黄疸应作为与厌食有关疾病的提示，需进行详细的临床检查。检查内容包括头颈、胸腔、腹部触诊、神经系统检查、血细胞计数、血液生化等。

图7-13　贪食引起高血糖

（二）治疗

单纯的治疗厌食要求给予温暖的食物，或应用某些日粮添加剂如大蒜刺激食欲，喂以柔软或液态的易消化食物。

贪食的治疗涉及全身疾病、内分泌紊乱、代谢病等，食物及其能量应适当控制，防止肥胖。

第八节

腹　泻

腹泻指粪便稀薄如水样或呈稀粥样，临床上表现排粪次数明显增多。腹泻是最常见的临床症状之一，可以根据疾病持续时间、肠道病变位置、腹泻的机理和病原进行分类。

（一）病因

饮食（如食物过敏和食物中毒）、胃肠炎症、肝脏疾病、肾脏疾病及全身机能紊乱等。

（二）诊断

根据临床表现和病因分析可进行初步诊断，确诊需进行血液学、粪便及X线检查，必要时做胃肠功能试验。

（三）治疗

急性腹泻的治疗主要是对因和对症治疗，包括肠道休息，维持和恢复水、电解质平衡，减少体液丢失，以及抗病原微生物药物的应用等。

便 秘

便秘是犬、猫的一种常见病（图7-14）。某种因素致使肠蠕动机能障碍，肠内容物不能及时后送而滞留于肠腔，其水分进一步被吸收，内容物变得干固形成肠便秘。

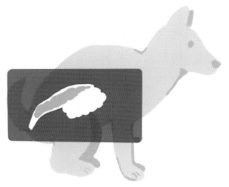

图7-14　便秘

（一）病因

① 食物和环境因素：食入异物、环境改变等。② 直肠或肛门受到机械性压迫或阻挡。③ 其他：老年性肠蠕动机能减弱、某些慢性疾病等。

（二）症状

便秘动物常试图排便，但排不出来。

初期在精神、食欲方面多无变化，久之出现食欲不振，直至食欲废绝。患病动物精神沉郁、活动减少，常因腹痛而鸣叫、不安，有的出现呕吐。

（三）诊断

根据病史和临床体征，结合肛门内指检和腹部触诊，易于作出诊断。

（四）治疗

采用灌肠和手术治疗。

吞咽困难、口臭及流涎

许多患有口腔疾病的动物可同时存在吞咽困难、口臭和流涎的症状。

（一）病因

1.吞咽困难

通常是由口疼痛、肿块、异物、创伤或神经肌肉机能障碍引起的，也可能是上述几种因素共同作用所致。

2.口臭

口臭常意味着组织坏死、牙结石、牙周炎继发细菌异常增殖，或口腔及食管内食物滞留。通常是由细菌或食入有毒物质引起。

3.流涎

流涎通常是由于不能吞咽或因吞咽疼痛所导致（即假流涎），也有由唾液分泌过多造成的。

（二）诊断

病史调查：考虑异物、外伤、是否患有狂犬病。

临床检查：口腔、喉部和头部检查。

活组织检查：触诊、细针抽吸、细胞学评估。

X线检查：口腔或喉部。

第十一节

腹　　水

腹水指腹腔内液体非生理性潴留的状态。潴留液分为炎性渗出液和非炎性漏出液。腹水不是一种疾病，只是一种继发症状。

（一）病因

渗出液的潴留原因：包括腹膜炎及癌性腹膜炎，腹膜通透性异常增强而再吸收功能降低，淋巴管阻塞造成渗出性腹水。

漏出液的潴留原因：低蛋白血症、肝实质障碍、心肺功能不全。

（二）症状

腹围膨隆，腹水未充满时腹部呈梨形下垂；腹水充满时腹壁紧张呈桶状。

（三）诊断

根据特征性的临床症状，结合腹腔穿刺及X线检查可以确诊。

（四）治疗

在治疗原发病的基础上，结合对症疗法。给予高蛋白质、低钠的食物，限制饮水等，均可缓解症状。

第十二节

黄　疸

黄疸是由于胆色素代谢障碍，血清胆红素含量高于正常所致的组织黄染现象。临床生化性黄疸指血浆和血清胆红素水平超过正常值，而临床黄疸则为皮肤、黏膜、巩膜黄染（图7-15）。

（一）症状

昏睡、虚弱、精神沉郁、不爱运动；皮肤、可视黏膜黄染，尿液呈棕黄色，粪便呈灰色或白垩色。

（二）诊断

进行血细胞计数或红细胞比容检测。

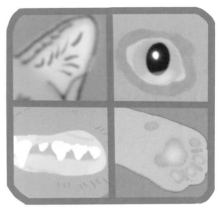

图7-15　黄疸

（三）治疗

根据溶血的原因治疗肝前性黄疸；胰腺炎引起的黄疸应针对胰腺炎进行对症处理；对胆管阻塞引起的肝后性黄疸，应去除阻塞物或做胆管切除手术。

消化道系统疾病的病因

病 原 微 生 物

消化系统疾病如腹泻、便秘、胃肠炎等会对犬猫体内的微生物群产生影响，破坏肠道微生物群的平衡，导致有益菌的减少，有害菌的增加。

免疫系统疾病如自身免疫性疾病、过敏等也会对犬猫体内的微生物群产生影响，破坏肠道微生物群的平衡，导致免疫系统功能异常。

（一）感染寄生虫改变肠道微生物群

许多肠道寄生虫被证明会引起宠物肠道微生物群的显著改变，其中贾第鞭毛虫是一种普遍存在的肠道寄生虫，可导致腹泻，其带来的改变最为明显。

贾第鞭毛虫与许多细菌群落的丰度呈正相关，例如普雷沃氏菌和厌氧螺菌。这些细菌会导致肠道屏障黏液的脆弱化。这种脆弱化使肠贾第鞭毛虫更容易切割屏障并允许更多肠道病原体在肠道定植（图8-1）。

此外，在22周龄的幼犬中，贾第鞭毛虫的高负荷也与约氏乳杆菌（*Lactobacillus johnsonii*）的减少相关。这种细菌是幼犬特有的，并且由于免疫调节、

图8-1　贾第鞭毛虫在肠道定植

病原体抑制和上皮细胞附着特性，可能在幼犬肠道健康的早期发育中发挥重要作用。

（二）病毒感染影响肠道微生物群

犬细小病毒是影响犬的最常见病原体之一，会导致腹泻、出血性肠炎和幼犬死亡。

在一项研究中，四只幼犬在6周龄时自然感染了犬细小病毒，肠道微生物群发生严重改变，变形杆菌丰度增加，主要是肠杆菌、拟杆菌和梭杆菌丰度减少。

但犬细小病毒阳性幼犬的这些细菌变化并不是永久性的。在感染后2周（一旦从临床细小病毒病中恢复），微生物组成又恢复到与非犬细小病毒感染组相似的组成。

第二节

营　养

给犬猫饲喂的饲粮营养不全、不均衡，质量低劣，或者发生营养代谢疾病，造成机体营养缺乏，会直接影响到肠黏膜免疫系统的功能和胃肠道的健康。

饮食已被认为是影响哺乳动物肠道微生物群生物多样性和功能特征的主要驱动因素之一（图8-2）。

图8-2　营养因素

日粮结构能影响犬的肠道微生物。长时间的禁食导致犬小肠微生物群发生显著变化，并且对微生物的代谢功能产生明显影响。

饲喂含纤维日粮也会对犬肠道微生物群组成产生影响。不同来源的纤维影响犬对营养物质的消化吸收。研究表明，随着日粮大豆皮添加量的上升，犬对营养物质消化率直线下降，但不同纤维来源（大豆皮、甘蔗、甜菜粕和纤维素）之间差异不显著，说明日粮纤维水平比来源更能影响犬对营养物质的消化率。犬虽然不分泌消化非淀粉多糖的α-1,6-半乳糖苷酶，但日粮中添加适量纤维可以降低犬粪便pH和氨气产量，且大豆皮的添加量和纤维来源并不影响犬的采食量。因此适量的纤维有助于犬的肠道健康。

常量营养素含量对犬微生物群组成影响显著。

日粮添加蔗果三糖能促进犬粪便微生物内乳酸杆菌增长和增加粪便丁酸的浓度，饲喂低聚果糖日粮能增加犬粪便双歧杆菌的数量，对肠道健康起积极促进作用。

蛋白质水平对犬猫肠道健康影响较大。研究发现，饲喂含油渣饼的高蛋白质日粮，犬会出现腹泻，粪便氨气含量、pH和钙卫蛋白浓度升高，粪便丙酸和乙酸含量降低，支链脂肪酸和戊酸含量增加，说明蛋白质来源和水平影响肠道功能和菌群发酵的代谢产物。

　　高蛋白质、低碳水化合物的饮食在猫中很常见，但这种饮食结构对猫肠道微生物的影响常被忽略。研究发现，猫的肠道菌群受饮食中蛋白质和碳水化合物比例的影响，饲喂中浓度蛋白质–中浓度碳水化合物的小猫粪便放线菌门（Actinobacteria）细菌数量增加，梭杆菌门（Fusobacteria）细菌数量减少，小杆菌属（*Dialister*）、氨基酸球菌属（*Acidaminococcus*）、双歧杆菌属（*Bifidobacterium*）、巨球形菌属（*Megasphaera*）和光冈菌属（*Mitsuokella*）细菌增加；而饲喂高蛋白质–低碳水化合物的小猫粪便梭菌属（*Clostridium*）、费氏杆菌属（*Faecalibacterium*）、瘤胃球菌属（*Ruminococcus*）、布劳特氏菌属（*Blautia*）细菌和真菌属（*Eubacterium*）真菌增多。

　　通常认为，高蛋白质的摄入对肠道中有益菌的数量具有潜在的负面影响，这可能是由于动物小肠内未消化吸收的蛋白质和氨基酸在进入大肠后，经微生物发酵产生短链脂肪酸及有害氮代谢产物（如支链脂肪酸、氨气、吲哚和苯酚等），这些代谢产物中除了少量的短链脂肪酸可为肠细胞提供有限的能量外，其他代谢产物都或多或少有一定的危害，如刺激肠黏膜产生免疫反应，破坏上皮细胞完整性等，并且与结肠癌的增加和溃疡性结肠炎也有一定的关联。因此，适当降低饮食蛋白质水平可以减少进入大肠中的蛋白质的总量，从而减少蛋白质的有害发酵，改善犬、猫肠道健康。

　　此外，蛋白质的来源和加工也会影响犬肠道菌群及其对混合饮食的耐受性。Zentek等（2020）比较了不同蛋白质来源（牛肉和禽肉）及干粮或罐头对比格犬粪便质量和肠道微生物的影响。结果表明，以禽肉为基础的罐头导致犬粪便较软。饲喂罐头或含禽肉的干粮，犬粪便中产气荚膜梭菌数较高，而饲喂含牛肉的干粮，犬粪便中产气荚膜梭菌数降低。另外，饲喂罐头时，犬粪便中异丁酸、正戊酸和异戊酸的相对浓度较高，可能与肠道内蛋白质的微生物发酵增加有关。动物肠道中存在很多氨基酸代谢菌，主要包括丙酸杆菌属（*Propionibacterium* spp.）、拟杆菌属（*Bacteroides* spp.）、链球菌属（*Streptococcus*）和梭菌属（*Clostridium*），这些肠道菌群可分泌水解氨基酸和蛋白质的基肽酶和蛋白酶。另外，以生肉为基础的饮食会影响健康犬的粪便微生物群和发酵终产物。与商品粮相比，饲喂以生肉为基础的自配料的犬粪便中乳杆菌属、副乳杆菌属和普氏菌属比例显著降低，但菌群多样性更高，有助于维系肠道菌群平衡。此外，饲喂自配料犬粪便的评分更高，乳酸含量显著升高。这些结果表明，基于新鲜牛肉和蔬菜等原料的自配饮食能够促进肠道菌群均衡生长，并改善了粪便形态。因此，配制日粮时，必须同时考虑蛋白质来源、添加水平、加工方式和饮食类型等因素。

　　近年来，用生肉饮食代替更传统的商业干粮来喂养犬猫已经变得越来越流行。生肉饲粮是指以生肉为基础的饲粮，原料主要包括家畜、家禽或鱼类的内脏和骨骼等，以及未经高温消毒的牛奶和生鸡蛋。生肉饮食提供重要的健康益处，包括减少牙齿疾病、清新口气、缓解关节炎、增强免疫反应、更健康的皮肤和闪亮的皮毛。

Butowski等（2019）运用Illumina MiSeq高通量测序技术研究了3种日粮结构[生肉、生肉加2%纤维（菊粉和纤维素）及商品猫粮]对健康猫肠道微生物群的影响。普氏菌属是饲喂商品猫粮的猫粪便中优势菌类，梭菌属和梭杆菌属是饲喂生肉猫的粪便中优势微生物群，而普氏菌属和消化链球菌（Peptostreptococcus）是饲喂生肉+纤维日粮猫粪便中的优势微生物群。这一结果进一步表明，不同的日粮结构能影响猫粪便微生物群的组成和代谢。

然而有些研究发现，饲喂生肉饲粮不仅不能保证摄入均衡的营养物质，而且增加了人畜共患病和病原微生物感染的风险，包括弯曲杆菌属、沙门菌属、耶尔森氏菌属和致病大肠杆菌，这可能会威胁到宠物同伴及宠物主的健康。因此，给宠物饲喂生肉一定要保证新鲜、干净、无病原微生物污染，同时还要注意补充蔬果等富含膳食纤维和维生素的食物，以保证宠物营养摄入均衡。

饲 养 管 理

除了正常管理工作中出现的失误或突发事件之外，主要是日常饲养管理过程中造成的各种应激因素，对犬危害较大。例如断尾、断耳、剪趾、注射、驱赶、咬斗、长途运输、饲养密度过大等（图8-3），均可诱发犬应激反应。应激反应可引起犬胃肠壁上的微生物菌群发生改变，并损伤肠道微绒毛和肠壁本身，降低肠道黏膜免疫系统的功能，进而危害胃肠道的健康。

绝育对犬猫健康的影响是一个备受关注的话题。目前有一些研究表明，绝育可能会对宠物的肠道微生物组成产生影响。

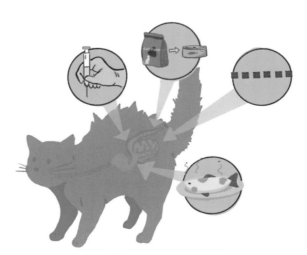

图8-3　导致猫应激的因素

一项研究发现，绝育后的雄性犬猫肠道中的某些菌群数量会发生变化，如乳杆菌、双歧杆菌等菌群的数量会减少，而肠球菌、大肠杆菌等菌群的数量会增加。这些变化可能与代谢、免疫等方面有关。

需要注意的是，目前绝育对宠物肠道微生物的影响还需要更多的研究来证实，而且不同的绝育方式（如手术绝育、化学绝育等）可能会对肠道微生物产生不同的影响。

食物过敏和不耐受造成犬猫食物性肠炎（包括胃炎），与突然换食或食物久存不洁有关，新买的幼犬和幼猫最易发生。犬猫是以肉食为主的杂食性动物，它们的胃可以分泌大量的胃酸，对各种肉类和骨头具有极强的消化能力。但是对于肉食之外的某些食物，犬猫很难消化分解。谷物中的碳水化合物是犬猫普遍不耐受的物质，它是稻米、小麦、大麦、玉米、高粱等粮食的主要成分。大部分犬猫粮中都会添加面粉或者玉米粉，碳水化合物引起的肠胃敏感主要表现在当两种不同的配比的犬粮突然更换时，犬猫的肠道需要几天或更长的时间来适应新的碳水化合物食物来源的变化，从而加重犬猫肠胃的消化吸收负担和不适，造成消化功能紊乱。久存不洁和从冰箱中直接取出的食品是造成犬猫食物性腹泻的另一原因，它会引起细菌感染、冷刺激和消化不良。

腹泻与肠道菌群失衡互为因果。幼犬幼猫断奶前后肠道菌群结构和免疫屏障处于逐渐建立的过程中，当肠道内环境因食物改变等因素的影响发生变化时，菌群结构容易遭到破坏而失调。肠道菌群数量的改变、比例的失调可使致病菌产生作用而导致腹泻，因此断奶前后是腹泻的高发病期。

第四节

饲粮加工工艺

除罐头类产品外，一般宠物粮加工均存在挤压膨化环节。影响挤压膨化效果的因素较多，包括机型、调质、物料特性和操作等。选用性能可靠、先进和高效的设备及科学、合理和完善的工艺（图8-4），是生产优质宠物粮的需要，也是保证宠物食品产品品质的重要条件。应用酶解工艺，将动物源性原料在蛋白酶的作用下，分解成小分子肽类，动物采食后，无需消化酶消化，直接被肠道吸收，从而更快速、有效地为机体提供能量。同时，动物源性原料酶解可以提高适口性，增加体内蛋白质合成量，还可以降低大分子蛋白质过敏率，提高矿物质元素的吸收利用

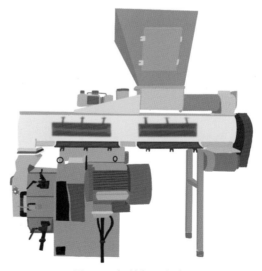

图8-4 饲粮加工设备

率等。

　　饲料保存不当或者饲料品质低劣，饲料中含霉菌毒素或重金属等其他毒素超标，会损坏犬猫肠道黏膜免疫系统与胃肠道的消化机能。毒素通过抑制细胞增殖，损害上皮细胞的抗氧化系统，导致犬猫消化道形态异常，抑制消化酶的活性，降低养分吸收从而伤害犬猫肠道的健康，严重者造成死亡。

第五节

环　　境

　　污染的饲养环境影响犬猫的胃肠道健康，主要表现在两个方面：一是环境中土壤与水源被各种重金属如汞、镉、砷等污染后（图8-5），植物与土壤中的重金属含量增加，进入食物链后，经饲料或饮水进入犬的消化道而引发重金属中毒；二是大气被二氧化硫、氟化物、氢化物等污染，这些有毒气体不仅对犬呼吸道造成严重危害，同样也会损伤犬胃肠道的健康。

图8-5　环境因素

　　气温突变或饲养环境突然改变等环境因素均可降低犬猫的肠道黏膜免疫系统的功能和犬猫的整体免疫力，让犬猫出现应激，引起犬猫胃肠壁上的微生物菌群发生改变，并损伤肠道微绒毛和肠壁本身，从而改变犬猫胃肠道的机能，进而危害犬猫胃肠道的健康，并诱发各种疾病。

健康饲养手段

第一节

科 学 饲 养

　　饮食营养均衡是犬猫健康生长的必备条件，不同发育阶段、不同体型的犬猫对营养的需求有所不同，要根据犬猫的不同发育阶段的特点提供相应的饮食。

　　不要饲喂发霉变质或污染的饲粮，这极易引发犬猫发生各种毒素及化学物质中毒，进而损害胃肠道机能。要给犬猫饲喂全价优质的配方粮（图9-1），营养全价，科学搭配，保证有足够的蛋白质、氨基酸、微量元素和各种必需的维生素，确保犬猫在各个不同生长阶段的营养需要。这些物质是保障犬猫生命活动、免疫力与抗病力的基础和根本，也是维护犬猫胃肠道健康的必要条件。因此要针对犬猫的不同品种、应用类型，以及各个生长发育阶段，按照其营养全面的需要，选购全价配合饲粮来饲喂。

图9-1　饲粮的选择

研究发现压力会引起体内激素的变化，从而引起肠道微生物组的变化。特别是，压力会触发皮质醇激素的释放。皮质醇对身体有多种负面影响，包括血压升高和肠道健康受损。保持良好的心情有利于犬猫健康成长，以下是一些有助于减轻犬猫压力的方法：

（1）提供足够的运动和活动：适当的运动和活动可以消耗能量，缓解压力。

（2）提供安全感：宠物可能会因为分离焦虑或其他原因感到不安。主人可以给宠物提供一个安全的环境，例如提供一个温暖舒适的床铺、一个安静的角落等。

（3）提供适当的社交环境：宠物需要与其他宠物和人类进行社交互动。主人可以带宠物参加社交活动，例如去公园或参加宠物聚会等。

（4）适当的训练：训练可以帮助宠物建立自信和独立性，从而减少压力。此外，定期对宠物进行身体检查。应该至少每年带宠物进行一次体检。定期接受兽医检查可以降低疾病未被诊断的风险。

第二节 免　疫　驱　虫

免疫可以通过人工方法帮助宠物获得防治某种传染病的能力。

犬细小病毒、犬瘟热病毒、犬冠状病毒等病毒感染是引起犬各种病毒性胃肠炎的罪魁祸首，应每年科学制订犬的免疫计划，应用这些病毒制成的疫苗制剂，按照科学的免疫程序进行免疫注射，以预防各种病毒性胃肠炎的发生。此外，犬的蛔虫、绦虫、钩虫、球虫等寄生虫均能引起犬寄生虫病，破坏犬体胃肠道的免疫功能，危害胃肠道的健康。定期进行驱虫（图9-2），以避免犬发生各种寄生虫性胃肠炎。

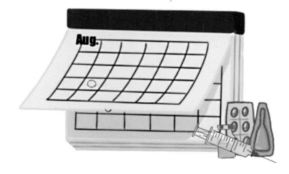

图9-2　定期免疫驱虫

目前，国内用于猫的疫苗主要是猫三联疫苗，用来预防三种常见的猫传染性疾病：猫传染性鼻气管炎、猫杯状病毒病和猫瘟（猫泛白细胞减少症）。

猫驱虫主要分为体内驱虫和体外驱虫两种。临床常见的体外寄生虫有跳蚤、虱子、耳螨、疥螨、蜱、蠕形螨等，最常用的体外驱虫药为滴剂或片剂，主人需要按照宠物猫的体重选择产品的规格，按医嘱点滴或口服，一般每月一次，用药前后2d不要洗澡；猫体内寄生虫主要是线虫和绦虫两类，常见的如犬弓首蛔虫、犬狮蛔虫、犬窄头钩虫、犬钩口线虫、毛首线虫，棘球绦虫、带绦虫、复孔绦虫等，最常用的体内驱虫药为口服片剂，主人需要按照猫的体重和医嘱饲喂。另外，也有滴剂可以同时完成体内外驱虫。

益生菌、益生元的使用

益生菌、益生元的使用也会影响和改变微生物群的组成。益生菌和益生元已经在人类食品中广泛运用，在宠物中也同样适用，现在许多宠物粮中已经添加了益生菌（图9-3）。

许多可以促进宠物健康的益生菌属于乳杆菌属、双歧杆菌属和肠球菌属。益生菌可以通过多种机制改变常驻微生物组，包括通过代谢相互作用刺激常驻细菌的生长，改变病原菌的丰度，或通过与宿主上皮细胞和上皮免疫系统的相互作用间接影响健康。

一些研究报告了在宠物饮食中添加益生元的好处。事实上，它们能调节肠道微生物群并保护动物免受肠道感染。

图9-3　合理添加益生菌

保 健 预 防

在犬猫的日常饲养管理过程中，要根据犬猫生长发育的不同阶段可能发生的各种问题，有针对性地提高犬猫肠道黏膜免疫功能，从而保护犬猫胃肠道正常的消化吸收机能，防止"病从口入"。

随着年龄或药物的影响，健康宠物的肠道微生物组动态平衡可能会被破坏，从而引发各种疾病。了解宠物的肠道健康状况，最好的方法是进行肠道微生物组检测，直观了解微生物的种类及数量。将得到的检测结果与同年龄、同品种的健康犬猫进行比较，可以比较全面地了解犬猫的肠道微生物组状况。

发生腹泻、便秘、胃溃疡及其他肠道疾病时，可以选择性地通过饲料或饮水添加一些药物进行保健预防，这也是维护犬猫胃肠道健康的一项重要而有效的技术措施。

犬猫胃肠道保健预防建议使用细胞因子制剂、中草药制剂及微生态制剂等，这些药物不存在耐药性与药物残留，而且安全高效，使用方便。

在预防与治疗犬猫的肠道疾病时，不得长期滥用抗菌药物。尤其是不要经胃肠道滥用青霉素类、呋喃类、喹诺酮类、四环素类、磺胺类、氨基糖苷类药物及激素类药物等。因为这些药物进入肠道以后，在杀灭病原菌的同时也大量杀伤益生菌，破坏胃肠道内微生态平衡（图9-4）。抗菌药的滥用，不仅容易造成耐药菌株的产生，出现"超级细菌"，而且会造成犬猫免疫抑制，降低胃肠道黏膜的免疫力，破坏胃肠道的消化机能，损害胃肠道的健康。

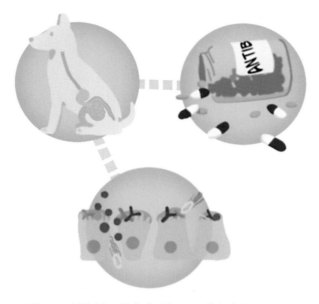

图9-4　长期滥用抗菌药破坏胃肠道内微生态平衡

陈志敏, 王金全, 高秀华, 2012. 宠物猫营养生理研究进展 [J]. 饲料工业, 33(17): 52-56.

贾汇真, 张安荣, 武振龙, 等, 2023. 猫饮食的营养结构管理与慢性肾病的关系研究进展 [J]. 动物营养学报, 35(3):1405-1412.

李平, 邓省亮, 苏柳, 等, 2020. 犬营养研究进展 [J]. 动物营养学报, 32(1): 7-14.

李玉, 陶焕青, 张玉蝶, 等, 2017. 绿茶粉和绿茶多酚对犬的抗氧化作用 [J]. 动物营养学报, 29(10): 3737-3749.

陆江, 朱道仙, 刘莉, 等, 2021. 不同蛋白质水平饲粮对肥胖犬体况, 血清生化指标, 粪便短链脂肪酸浓度及肠道菌群结构的影响 [J]. 动物营养学报, 33(4): 2224-2234.

陆江, 朱道仙, 卢鹏飞, 等, 2019. 补喂复合益生菌制剂对幼犬生长性能、肠道动力及肠道屏障功能的影响 [J]. 动物营养学报, 31(9): 4242-4250.

毛爱鹏, 孙皓然, 张海华, 等, 2022. 益生菌、益生元、合生元与犬猫肠道健康的研究进展 [J]. 动物营养学报, 34(4): 2140-2147.

王洪荣, 季昀, 2013. 氨基酸的生物活性及其营养调控功能的研究进展 [J]. 动物营养学报, 25(3): 447-457.

王钰飞, 丁丽敏, 付京杰, 等, 2013. 不同蛋白质来源饲粮对不同生长阶段藏獒营养物质表观消化率及粪便质量的影响 [J]. 动物营养学报, 25(10): 2345-2354.

赵梦迪, 李光玉, 刘可园, 等, 2022. 饲粮和益生菌对犬、猫肠道菌群影响的研究进展 [J]. 动物营养学报, 34(11): 6817-6829.

ARNOLD R R, RUSSELL J E, CHAMPION W J, et al, 1982. Bactericidal activity of human lactoferrin: differentiation from the stasis of iron deprivation[J]. Infection and immunity, 35 (3): 792-799.

BELOSHAPKA A N, DOWD S E, SUCHODOLSKI J S, et al, 2013. Fecal microbial communities of healthy adult dogs fed raw meat-based diets with or without inulin or yeast cell wall extracts as assessed by 454 pyrosequencing[J]. FEMS microbiology ecology, 84(3): 532-541.

BERMINGHAM E N, MACLEAN P, THOMAS D G, et al, 2017. Key bacterial families (Clostridiaceae, Erysipelotrichaceae and Bacteroidaceae) are related to the digestion of protein and energy in dogs[J]. PeerJ, 5: e3019.

BUTOWSKI C F, THOMAS D G, YOUNG W, et al, 2019. Addition of plant dietary fibre to a raw red meat high protein, high fat diet, alters the faecal bacteriome and organic acid profiles of the domestic cat (*Felis catus*) [J]. PloS one, 14(5): e0216072.

CUI H Y, ZHANG C H, LI C Z, et al, 2019. Antibacterial mechanism of oregano essential oil[J]. Industrial Crops and Products, 139 : 111498.

DEUSCH O O, FLYNN C, COLYER A, et al, 2014. Deep Illumina-based shotgun sequencing reveals dietary effects on the structure and function of the fecal microbiome of growing kittens[J]. PloS one, 9(7): e101021.

EARLE K E, SMITH P M, 1991. Diet restriction and ageing in the dog: major observations over two decades [J]. British Journal of Nutrition, 99(4): 793-805.

EARLE K E, SMITH P M, 1991. The effect of dietary taurine content on the plasma taurine concentration of the cat[J]. British journal of nutrition, 66(2): 227-235.

EDESTADTLER-PIETSCH, 2003. Assessing the impact of different bedding materials on rat liver endosome acidification [J]. Comparative Medicine, 53(6): 616-621. DOI: 10. 1093/ilarjournal/43. 4. 202.

FINKE M D, 1991. Evaluation of the energy requirements of adult kennel dogs [J]. The Journal of Nutrition, 121(Supplement 1): S22-S28.

FINKE M D, 1994. Evaluation of the energy requirements of adult kennel dogs [J]. The Journal of Nutrition, 124(Supplement 12): S2541-S2543.

GUARD B C, BARR J W, REDDIVARI L, et al, 2015. Characterization of microbial dysbiosis and metabolomic changes in dogs with acute diarrhea[J]. PloS one, 10(5): e0127259.

HANDL S, GERMAN A J, HOLDEN S L, et al, 2013. Faecal microbiota in lean and obese dogs[J]. FEMS microbiology ecology, 84(2): 332-343.

HEUSNER A A, 1991. Size and power in mammals[J]. Journal of Experimental Biology, 160(1): 25-54.

JACKSON M, BALLAM J M, LAFLAMME D P, 2001. Client perceptions and canine weight loss[J]. Compendium on Continuing Education for the Practicing Veterinarian, 23(9): 90.

JOSE T, PATTANAIK A K, JADHAV S E, et al, 2017. Nutrient digestibility, hindgut metabolites and antioxidant status of dogs supplemented with pomegranate peel extract[J]. Journal of Nutritional Science, 6 : e36.

KIENZLE E, MEYER H, LOHRIE H, 1985. Influence of carbohydrate-free diets with varying protein energy proportions on the foetal development and vitality of whelps as well as on the milk composition of female dogs[J]. Zeitschrift fuer Tierphysiologie, Tierernaehrung und Futtermittelkunde (Germany, FR), 54 (2).

LAEUGER P, 2001. Detection of IgG antibodies to Sarcoptes scabiei var. canis in dogs using ELISA [J]. Journal of Veterinary Medicine Series A, 58(6): 371-381.

LAFLAMME D P, BALLAM J M, 2001. Effects of diet restriction on life span and age-related changes in dogs [J]. Journal of the American Veterinary Medical Association, 220(9): 1315-1320.

LI Y, RAHMAN S U, HUANG Y Y, et al, 2020. Greentea polyphenols decrease weight gain, ameliorate alteration of gut microbiota, and mitigate intestinal inflammation in canines with high-fat-diet-induced obesity [J]. The Journal of Nutritional Biochemistry, 78: 108324.

LOVERIDGE G G, 1986. Bodyweight changes and energy intake of cats during gestation and lactation[J]. Animal technology: journal of the Institute of Animal Technicians.

MARKWELL P J, 1993. Nutrition and aspects of feline lower urinary tract disease[J]. Journal of Small Animal Practice, 34(4): 157-162.

MARSILIO S, PILLA R, SARAWICHITR B, et al, 2019. Characterization of the fecal microbiome in cats with inflammatory bowel disease or alimentary small cell lymphoma[J]. Scientific reports, 9(1): 19208.

MEYER H, RADICKE S, KIENZLE E, et al, 1995. Investigations on Preileal Digestion of Starch from Grain, Potato and Manioc in Horses [J]. Journal of Veterinary Medicine Series A—Physiology Pathology Clinical Medicine, 42: 371-381. DOI: 10. 1111/j. 1439-0442. 1995. tb00389. x.

MIDDELBOS I S, FASTINGER N D, FAHEY J G C, 2007. Evaluation of fermentable oligosaccharides in diets fed to dogs in comparison to fiber standards[J]. Journal of animal science, 85(11): 3033-3044.

National Research Council, 1986. Nutrient requirements of cats[M]. National Academies Press.

NGUYEN N H, MCPHEE C P, WADE C M, 2005. Responses in residual feed intake in lines of Large White pigs selected for growth rate on restricted feeding (measured on ad libitum individual feeding) [J]. Journal of Animal Breeding and Genetics, 122(4): 264-270.

PATIL A R, BISBY T M, 2001. Comparison of maintenance energy requirements of client-owned dogs and kennel dogs [J]. The Purina Nutrition Forum, St. Louis, MO, USA.

PROCTER R C, 1934. Growth and development with special reference to domestic animals. XXXIII, Efficiency of work horses of different ages and body weights[J]. University of Missouri, College of Agriculture, Agricultural Experiment Station.

RAINBIRD A, KIENZLE E, 1990. Maintenance energy requirements of odor detection, explosive detection and human detection working dogs [J]. PeerJ, DOI: 10. 7717/peerj. 767.

RAINBIRD A, KIENZLE E, 1990. Maintenance energy requirements of dogs: What is the correct value for the calculation of metabolic body weight in dogs [J]. The Journal of Nutrition, 120(12): S37-S39.

SCANTLEBURY M, BUTTERWICK R, SPEAKMAN J R, 2000. Energetics of lactation in domestic dog (Canis familiaris) breeds of two sizes[J]. Comparative Biochemistry and Physiology Part A: Molecular & Integrative Physiology, 125(2): 197-210.

SCARSELLA E, CINTIO M, IACUMIN L, et al, 2020. Interplay between neuroendocrine biomarkers and gut microbiota in dogs supplemented with grape proanthocyanidins: results of dietary intervention study[J]. Animals, 10(3): 531.

SECHI S, FIORE F, CHIAVOLELLI F, et al, 2017. Oxidative stress and food supplementation with antioxidants in therapy dogs[J]. Canadian Journal of Veterinary Research, 81(3): 206-216.

SKULTÉTY L, 1969. Use of animal models in biomedical research [J]. Journal of Experimental Animal Science, 12(3): 241-256.

TAYLOR E J, ADAMS C, NEVILLE R, 1995. Some nutritional aspects of ageing in dogs and cats[J]. Proceedings of the Nutrition Society, 54(3): 645-656.

WICHERT B, GRUBB B R, MCCRAY P B, et al, 1999. Influence of cellulose fibre length on faecal quality, mineral and trace element metabolism in dogs [J]. Animal Feed Science and Technology, 79(2): 113-130.

YAN X, ZHAI Y Y, ZHOU W L, et al, 2022. Intestinal flora mediates antiobesity effect of rutin in high-fat-diet mice[J]. Molecular Nutrition & Food Research, 66(14):e2100948.

ZENTEK J, MARQUART B, PIETRZAK T, et al, 2003. Dietary effects on bifidobacteria and Clostridium perfringens in the canine intestinal tract[J]. Journal of Animal Physiology and Animal Nutrition, 87(11-12): 397-407.

ZENTEK J, MEYER H, 1992. Energy intake of adult Great Danes [J]. Berliner und Muenchener Tieraerztliche Wochenschrift, 105(10): 325-327.

图书在版编目（CIP）数据

伴侣动物营养与健康 / 乔富强，童津津主编.
北京：中国农业出版社，2025. 1. -- ISBN 978-7-109-
32693-4

Ⅰ. S865.3；S858.93

中国国家版本馆CIP数据核字第2024JA1205号

中国农业出版社出版

地址：北京市朝阳区麦子店街18号楼
邮编：100125
责任编辑：神翠翠　张艳晶　　文字编辑：张庆琼
版式设计：杨　婧　　责任校对：吴丽婷
印刷：中农印务有限公司
版次：2025年1月第1版
印次：2025年1月北京第1次印刷
发行：新华书店北京发行所
开本：787mm×1092mm　1/16
印张：9.5
字数：213千字
定价：120.00元

版权所有·侵权必究

凡购买本社图书，如有印装质量问题，我社负责调换。

服务电话：010 - 59195115　010 - 59194918